图像重定向技术
和质量评估方法

张　艳/著

中国电力出版社
CHINA ELECTRIC POWER PRESS

内 容 提 要

本书是对数字图像处理中的数字图像重定向问题以及重定向图像质量评估方法进行研究和探索的专著。作者通过多年的研究，在参阅国内外最新研究资料的基础上，对图像重定向方法以及评估方法提出了自己独到的见解和研究成果。本书中提出了一种基于最优化双向裁剪的图像重定向方法、一种基于降采样映射的接缝裁剪加速重定向方法以及一种基于像素位置变化测度的重定向质量评估方法。一系列实验的结果显示，本书提出的三种方法可行、有效且实验结果较好。

本书的编写突出了科学性和实用性，可以为数字图像处理研究人员、计算机视觉研究人员以及数字媒体终端技术的研究人员提供技术参考。

图书在版编目（CIP）数据

图像重定向技术和质量评估方法/张艳著．—北京：中国电力出版社，2020.11
ISBN 978-7-5198-5029-6

Ⅰ．①图…　Ⅱ．①张…　Ⅲ．①数字图像处理　Ⅳ．①TN911.73

中国版本图书馆CIP数据核字（2020）第187409号

出版发行：中国电力出版社
地　　址：北京市东城区北京站西街19号（邮政编码100005）
网　　址：http://www.cepp.sgcc.com.cn
责任编辑：马首鳌　马雪倩
责任校对：黄　蓓　常燕昆
装帧设计：王红柳
责任印制：杨晓东

印　　刷：三河市万龙印装有限公司
版　　次：2020年11月第一版
印　　次：2020年11月北京第一次印刷
开　　本：710毫米×1000毫米　16开本
印　　张：8.75
字　　数：109千字
定　　价：69.00元

前　　言

随着数字媒体技术的迅猛发展，计算机、手机、掌上电脑、高清电视等数字媒体播放设备在极大地丰富和方便了人们生活的同时，也给计算机图形学和计算机视觉研究带来了新的问题。如何改变图像或者视频的内容来适应不同尺寸和宽高比的显示设备而又不会造成明显的视觉上的变形呢？这个问题得到了国内外研究人员的普遍关注，人们把该问题定义为图像/视频的重定向问题（image/video retargeting）、重定尺寸问题（image/video resizing）或者缩放问题（image/video scaling）。重定向问题的研究主要集中在尝试利用各种方法来避免重定向后结果图像中出现明显的视觉上的变形。然而，迄今为止各种重定向方法生成的效果仍不尽如人意，而且对于重定向结果图像质量的评估也始终没有一个让人信服的量化标准。

本书在系统地论述了国内外图像重定向方法研究现状和困难的前提下，以接缝裁剪技术（seam carving）为基础，对图像重定向问题以及重定向评估方法进行了深入的研究。在图像重定向过程中，对于图像中人们所关注的区域内容和结构的保持是一个难点，本书以接缝裁剪技术为基础，提出一种基于最优化双向裁剪的图像重定向方法，即可以选择对图像贡献最小的接缝进行删除或添加，有效地避免了图像重定向后在视觉上产生的变形。其中包括提出了一种基于多因子线性组合的重要度图，能够较为准确地捕捉到图像中用户感兴趣的区域和内容，可以有效地运用重定向算法保护图像中的重要区域。而且该方法不再像传统方法一样考虑重定向时图像在尺寸上的变化而是考虑其在宽高比上的变化，并将双向搜索裁剪策略归结为一个二次规划问题，通过求得其最优解，找到图像在横向和纵向上需要删除的最小数目的具有当前最小能量的接缝，从而可以有效地保护图像中的重要信息。另外，该方法采用多操作数机制，将最优化双向裁剪算法与均匀缩放操作相结合，并允许根据用户的交互控制操作两种组合模式，有效地避免了图像中信息的过度丢失。实验表明该方法可以有效地控制图像信息的损失程度，生成较为令人满意的重定向结果。

本书还提出了一种基于降采样映射的接缝裁剪加速重定向法，该方法通过建立降采样后图像与原图像之间的映射关系，降低了接缝裁剪算法的时间复杂度，使传统的接缝裁剪算法的效率有了明显的提高。该加速策略可应用于本书所提出的基于最优化双向搜索的多操作数重定向方法，实验证明该加速策略对重定向方法的加速程度非常明显，而且不会造成重定向后图像质量的明显下降。该加速策略也可移植用于基于接缝裁剪方法的其他重定向方法。

如何评估重定向结果的质量是重定向研究领域的一个重要问题，由于评估的主观性较强以及复杂性较大，因此始终没有统一的量化标准来衡量。本书提出了一种基于像素位置变化测度的重定向图像质量评估方法，并通过数据统计规律验证以及用户调查的方法证明了本书提出的基于像素位置变化测度的客观量化评估方法的评估结果和用户主观的感知结果有较强的关联性。

由于时间仓促以及水平有限，书中如有疏漏之处，敬请各位专家和广大读者批评指正，本人不胜感谢！欢迎通过 QQ：104366073 同作者联系和交流。

作者　张艳

2020 年 9 月

摘　要

随着数字媒体技术的迅猛发展，计算机、手机、掌上电脑、高清电视等媒体播放设备在极大地丰富和方便了人们生活的同时，也给计算机图形学和计算机视觉研究带来了新的问题。如何改变图像或者视频的内容来适应不同尺寸和宽高比的显示设备而又不会造成明显的视觉上的变形呢？这个问题得到了国内外研究人员的普遍关注，人们把该问题定义为图像和视频的重定向问题。重定向问题的研究主要集中在尝试利用各种方法来避免重定向后结果图像中出现明显的视觉上的变形。然而，迄今为止各种重定向方法生成的效果仍不尽如人意，而且对于重定向结果图像的质量的评估也始终没有一个让人信服的量化标准。

本书在系统地论述了国内外图像重定向方法研究现状和困难的基础之上，提出了一个较为新颖的基于最优化双向裁剪的图像重定向方法。针对传统的接缝裁剪算法效率较低的问题提出了一种基于降采样映射的加速算法。此外，本书还提出了一种基于像素位置变化测度的重定向结果评估算法。

本书的主要贡献和创新点包括下述各点。

1. 提出了一种基于最优化双向裁剪的多操作数图像重定向算法。

在图像重定向过程中，对于图像中人们所关注的区域内容和结构的保持是一个难点，本书以接缝裁剪技术为基础，提出一种基于最优化双向裁剪的图像重定向算法，可以选择对图像贡献最小的接缝进行删除或添加，有效地避免了重定向后图像在视觉上产生的变形。其中包括提出了一种基于多因子线性组合的重要度图，能够较为准确的捕捉到图像中用户感兴趣的区域和内容，可以有效地运用重定向算法保护图像中的重要区域。而且该算法不再像传统算法一样考虑重定向时图像在尺寸上的变化而是考虑其在宽高比上的变化，并将双向搜索裁剪策略归结为一个二次规划问题，通过求得其最优解，找到图像在横向和纵向上需要删除的最小数目的具有当前最小能量的接缝，从而可以有效地保护图像中的重要信息。另外，该算法采用多操作数机制，将最优化双向裁剪算法与均匀缩放操作相结合,并允许根据用户的交互来控制两种操作数的组合模式，有效地避免了图像中信息的过度丢失。实验表明该算法可以有效地控制图像信息的损失程度，生成较为令人满意的重定向结果。

2. 提出了一种基于降采样映射的接缝裁剪加速算法。

该算法通过建立降采样后图像与原图像之间的映射关系，降低了接缝裁剪算法的时间复杂度，使传统的接缝裁剪算法的效率有了明显的提高。该加速策略可应用于本书所提出的基于最优化双向搜索的多操作数算法，实验证明该加速策略对算法的加速程度非常明显，而且不会造成重定向后图像质量的明显下降。该加速算法也可移植用于基于接缝裁剪方法的其他重定向方法。

3. 提出了一种基于像素位置变化测度的重定向图像质量评估方法。

如何评估重定向结果图像的质量是重定向研究领域的一个重要问题，由于评估的主观性较强以及复杂性较大，始终没有统一的量化标准来衡量。本书提出了一种基于像素位置变化测度的重定向图像质量评估方法，并通过数据统计规律验证以及用户调查的方法证明了该方法得到的客观量化评估结果和用户主观感知评估结果有较强的关联性。

关键词：图像重定向；接缝裁剪；重要度图；双向裁剪；二次规划

目　录

第1章

概　　述

1.1　引言

本章简要介绍了本书的研究背景和意义，回答了什么是数字图像/视频的重定向的问题并给出了图像重定向问题的理论描述。在参阅大量国内外关于图像重定向方法的研究文献基础之上，对现阶段的常见图像重定向方法进行了分析和总结。

1.2　研究背景及意义

当今社会，随着数字媒体技术的迅猛发展，计算机、手机、掌上电脑、高清电视等数字媒体播放设备已经成为人们工作、学习以及生活所不可或缺的重要的数字设备。人们通过使用这些数字设备，可以随时随地查阅和浏览各种各样的数字媒体信息。比如：人们可以在影院享受超大银幕所带来的视觉震撼，也可以在家中悠闲自在地通过电脑、电视等各种网络媒体来获取资讯，当然也可以随时随地在轻巧的手机屏幕上观看图像和视频。然而，多种多样的数字媒体播放设备在极大地丰富和方便了人们的生活的同时，也给人们带来了新的问题。如何改变图像或者视频的内容来适应不同尺寸和宽高比的显示设备而又不会造成明显的视觉上的变形呢?

这个问题得到了国内外研究人员的普遍关注，人们把该问题定义为图像和视频的重定向问题（image/video retargeting）、重定尺寸问题（image/video resizing）或者缩放问题（image/video scaling）。现在，图像/视频的重定向问题已经成为计算机图形学和计算机视觉领域里一个备受关注的重要研究课题，也成为数字图像处理研究人员、数字媒体终端开发和设计者关注的重要问题之一。

本书将把目光聚焦于图像重定向问题的研究，如图 1-1 所示给出了利用本书第 3 章提出的基于最优化双向裁剪的多操作数图像重定向算法，将一幅图像重定向到不同尺寸以及不同宽高比的手机上的实例。如图 1-1(a)所示的宽高比为 4：3，而图 1-1(b)为显示在宽高比为 2：3 的 iPhone 3G 手机屏幕上的效果图，图 1-1(c)为显示在宽高比为 4：3 的 Nokia E71 手机屏幕上的效果图。

(a) (b) (c)

图 1-1 基于最优化双向裁剪的重定向算法应用实例图

(a) 原始图像；(b) iPhone 3G 显示效果；(c) Nokia E71 显示效果

注 使用本书方法将 4：3 的原始图像显示在屏幕宽高比为 2：3 的 iPhone 3G 手机上的效果为(b)，显示在屏幕宽高比为 4：3 的 Nokia E71 手机上的效果为(c)。

1.3 图像重定向问题描述

一幅尺寸为 $m \times n$ 的图像可以表示为一个 m 行 n 列的二维离散网格，其中每个像素处的值可用该像素处的颜色和亮度信息来编码。比如：对于 RGB 彩色图像，每个像素处的值可由一个三维数组$[R,G,B]$来表示，其中 R、G、B 分别代表该像素在红色通道、绿色通道、蓝色通道中所对应的颜色值。而对于灰度图，每个像素处的值可由一个对应于灰度级的单个数值来表示。

图像重定向问题可以定义为：给定一幅尺寸为 $m \times n$ 的图像 I，我们的目标是生成一幅尺寸为 $m' \times n'$ 的新图像 I'，使图像 I' 可以较好地代表图像 I。

但是，正如 Shamir A.和 Sorkine O.[1] 所指出的，由于没有明确的定义或者标准可以用来衡量图像 I' 能够更好地代表原始图像 I，因此他们定义了重定向问题下述三个主要目标。

（1）图像 I' 应该包含图像 I 中的重要内容。

（2）图像 I' 应该保持图像 I 中的重要结构。

（3）图像 I' 应该没有视觉上的缺陷。

可以看出，图像重定向技术的主要目标是通过改变原始图像的内容来改变原始图像的尺寸以及宽高比，以求在与原始图像尺寸与宽高比不同的显示设备上展示时能够尽量避免出现明显的视觉变形以及图像内容的丢失。受到以上三个目标的影响，多数的图像重定向技术都遵循如图 1-2 所示的流程。

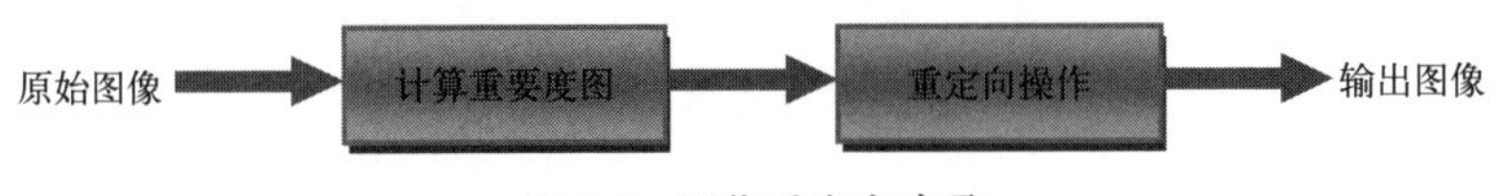

图 1-2　图像重定向步骤

1.4　图像重定向的研究现状

传统的重定向方法主要有三种，包括均匀放缩（homogeneous scaling）方法、剪切（cropping）方法以及宽银幕式（letterboxing）方法。均匀放缩方法采用插值的方式将原始图像在横向和纵向两个方向上进行拉伸或压缩，从而将图像均匀地放缩为目标尺寸，这样得到的结果是在重定向过程中不会丢失图像中的内容。但其缺陷是图像在宽高比上变化越大，拉伸变形就会越严重，从而导致图像在视觉上的严重变形，如图 1-3（b）所示。剪切的方法是在原始图像中直接剪切出和目标宽高比一样的区域，因此在结果图像中不会出现视觉上的变形，但是剪切区域外的图像内容会全部丢失，因此会导致原始图像中部分内容甚至是重要内容的丢失，如图 1-3（c）所示。宽银幕式方法则是起源于宽屏的电影制作，在将宽屏视频显示在标准宽度的屏幕上的时候，为了保持宽屏电影本身的宽高比，通常将源视频等比例缩放在目标屏幕上，而在电影视频内容的上方和下方填充黑色区域块。这样的处理方法，虽然能够有效地保持图像或者视频的内容，但是会造成显示屏幕空间上的很大浪费，如图 1-3（d）所示，而且当显示屏幕较小的时候，会严重地影响图像的可读性。

(a)

(b)

(c)

(d)

图 1-3　三种传统图像重定向方法的比较

(a) 3∶2 的原始图像；(b) 均匀放缩；(c) 剪切；(d) 宽银幕式

注　将宽高比为 3∶2 原始图像(a)使用三种传统重定向方法放缩到宽高比 1∶1 的结果实例。图像(b)、(c)、(d)分别为使用均匀放缩方法、剪切的方法以及宽银幕式方法所得到的结果图像。

可以看出以上这三种传统的重定向方法的处理结果都不尽如人意，原因在于传统的方法忽略了图像内容本身的特性，且每种方法自身都有一定的缺陷。为了解决这些问题，国内外的专家和学者们又提出了一系列基于图像内容的重定向方法。这类方法考虑用图像中不同部分之间的差异性，注重对图像内容语义的分析，在重定向过程中，将变形“隐藏”到用户不太注意的图像内容中，从而避免了重定向后的图像中会有明显的视觉上的变形，生成可以让用户更为满意的重定向图像。

目前基于内容的图像重定向方法主要有六类，分别是基于接缝裁剪（seam carving）的方法、基于变形（warping）的方法、基于内容剪切（content-aware）的方法、基于补丁块（patch-based）的方法、基于分割（segmentation-based）的方法和基于多操作数（multi-operator）的方法。本书将在第 2 章对图像重定向方法的研究现状以及研究内容进行详细的综述。

如前所述，目前对图像重定向技术的研究主要集中在尝试利用各种方法避免结果图像中出现明显的视觉变形，即尽量保持图像中重要内容的形状以及图像的整体结构，从而保护好全局的视觉效果。但是，这对于重定向问题的研究而言，是一个不太容易实现的技术难点。为了实现这一目标，越来越多的国内外专家和学者加入到重定向问题的研究队伍中来，做出了不懈的努力。

1.5 主要研究内容和创新点

本书在系统论述图像重定向问题国内外研究和发展现状、理论背景以及技术难点的基础上，提出了一种较为新颖的基于最优化双向裁剪的多操作数图像重定向方法，并针对原始的接缝裁剪算法效率较低的问题提出了一种基于降采样映射的接缝裁剪加速算法，此外，还提出了一个基于像素位置变化测度的重定向图像评估算法。

本书主要的研究内容和创新点具体包括下述各点。

1. 提出了一种基于最优化双向裁剪的多操作数图像重定向算法

在图像重定向过程中，对于图像中人们所关注的区域内容和结构的保持是一个难点，本书以接缝裁剪技术为基础，提出一种基于最优化双向裁剪的图像重定向算法，可以选择对图像贡献最小的接缝进行删除或添加，有效地避免了图像重定向后在视觉上产生的变形。其中包括提出了一种基于多因子线性组合的重要度图，能够较为准确地捕捉到图像中用户感兴趣的区域和内容，可以有效的运用重定向算法保护图像中的重要区域。而且该算法不再像传统算法一样考虑重定向时图像在尺寸上的变化而是考虑其在宽高比上的变化，并将双向搜索裁剪策略归结为一个二次规划问题，通过求得其最优解，找到图像在横向和纵向上需要删除的最小数目的具有当前最小能量的接缝，从而可以有效的保护图像中的重要信息。另外，该算法采用多操作数机制，将最优化双向裁剪算法与均匀缩放操作相结合，并允许根据用户的交互控制操作两种组合模式，有效地避免了图像中信息的过度丢失。实验表明该算法可以有效地控制图像信息的损失程度，生成较为令人满意的重定向结果。

2. 提出了一种基于降采样映射的接缝裁剪加速算法

该算法通过建立降采样后图像与原图像之间的映射关系，降低了接缝裁剪算法的时间复杂度，使传统的接缝裁剪算法的效率有了明显的提高。该加速策略可应用于本书所提出的基于最优化双向搜索的多操作数算法，实验证明该加速策略对算法的加速程度非常明显，而且不会造成重定向后图像质量的明显下降。该加速算法也可移植用于基于接缝裁剪方法的其他重定向方法。

3. 提出了一种基于像素位置变化测度的重定向图像质量评估方法

如何评估重定向结果图像的质量是重定向研究领域的一个重要问题，由于评估的主观性较强以及复杂性较大，因此始终没有统一的量化标准来衡量。本书提出了一种基于像素位置变化测度的重定向图像质量评估方法，并通过数据统计规律验证以及用户调查的方法，证明了本书提出的基于像素位置变化测度的客观量化评估方法的评估结果和用户主观的感知结果有较强的关联性。

1.6 本书的组织结构

出于阅读和相关知识的连贯性考虑，本书的组织结构安排如下所述。

第 1 章是本书的概述。本章首先介绍了本书的研究背景和研究意义，并简要介绍了图像重定向技术的研究现状和难点，然后总结和概括了本书的主要研究内容以及创新点，并在本章的最后给出了本书的组织结构。

第 2 章给出了图像重定向技术的概述。本章首先给出了重定向技术的主要分类，并简要分析了每类技术的优缺点；然后依次介绍了每类技术中的典型技术以及对这些典型技术的几个主要改进思路。

第 3 章基于最优化双向裁剪的多操作数图像重定向算法。本章首先介绍了本书所提出的基于多因子线性组合重要度图的计算方法；然后描述了以求解二次规划问题的最优解来确定双向裁剪策略的方法，在此基础之上，描述了可供用户交互的最优化双向裁剪与均匀放缩相组合的多操作数算法；最后将基于最优化双向裁剪的多操作数图像重定向算法与目前较为经典的几种图像重定向技术进行对比，证明了该图像重定向算法的有效性及稳定性。

第 4 章针对接缝裁剪技术提出的基于降采样映射的加速算法。本章首先对该加速算法的原理和流程进行了说明；其次，对算法的时间复杂度进行了论证；之后通过实验验证了该算法对传统的接缝裁剪算法的运行速度有了明显的提高；最后，将该加速算法应用于本书第 3 章提出的基于最优化双向裁剪的多操作数图像重定向算法，并通过多组实验验证了加速算法的有效性。

第 5 章基于像素位置变化测度的重定向图像质量评估方法。本章首先指出了对重定向方法进行系统评估的重要性和迫切性；其次描述了本书提出的一种基于像素位置变化测度的重定向图像质量评估方法；最后，通过用户调查的方式实验证明该评估算法的评估结果和用户主观的感知结果有一定的关联性。因此，对于重定向算法质量评估的研究有一定的参考性。

1.7 本章小结

本章对数字图像的重定向问题进行了简要介绍并对重定向问题进行了描述，然后在分析和总结图像重定向问题研究现状的基础上，将图像现阶段的常用方法分为六类，分别是：基于接缝裁剪（seam carving）的方法、基于变形（warping）的方法、基于内容剪切（content-aware）的方法、基于补丁块（patch-based）的方法、基于分割（segmentation-based）的方法和基于多操作数（multi-operator）的方法。关于这些方法的详细分析，将在第 2 章进行。最后，本章介绍说明了本书的主要研究内容以及创新点，并给出了全书的组织结构。

第 2 章

图像重定向方法的分类

2.1 引言

本章将对图像重定向方法的相关工作进行概述。由 1.3 节可知，对于图像重要度图的计算是重定向过程中重要的一环。因此，本书首先在 2.2 节给出重要度图的计算方法综述，然后在 2.3 节简单介绍重定向方法的分类和每类方法的优缺点，并将在 2.4 节至 2.8 节依次介绍每一类重定向方法中的典型方法，并对每种典型方法进行简要说明。

2.2 重要度测量

由于图像重定向的目标是在最终重定向后的图像中能够很好地保持原始图像中的重要内容以及重要结构，因此对于图像中重要区域的识别和确定就尤为重要。人们往往通过标识出图像中每个像素的重要度来描述图像中每个像素点的重要程度。而重要度其实反映的是人的眼睛对图像中不同内容以及不同区域像素变化的敏感程度，这种敏感程度往往可以用一个数值来表示，数值越高意味着该像素点的重要度越高。显然，不同的观察者由于文化背景、心理状态以及认知能力的不同而对相同的图像会有不同的理解。因此，通过用户交互来定义图像中的重要区域是获取图像重要度较为理想的方式。但是，由于用户交互太过烦琐，而且图像缩放又经常使用，因此用户通常不愿意参与交互，比如在使用手机浏览批量图片时，用户一般都不会在观看每一张图片时都要交互的限定一下图像中的重要区域。一般说来，基于内容的图像重定向方法都会采用一些启发式的方法来自动生成图像中每个像素所对应的重要度值。由于最终的重要度值与图像中的每个像素一一对应，因此我们称该重要度标识矩阵为图像的重要度图（importance map）。一般而言，常用的重要度图主要有三类，即梯度图、特征显著度图和用户指定重要度图。

1. 梯度图

最初，图像的重要度图是基于梯度来计算的，在该重要度图中，梯度较大的像素被赋予较高的重要度值；相反，梯度较小的区域就被认为是不重要的背景同构区域。由于梯度图（gradient map）计算简单、运算速度快，因此被广泛使用，但是其也有不足之处。因为该重要度是通过计算像素处水平方向和竖直方向的梯度和而得到的，因此在图像中物体边缘处梯度的值较大，也就是说重要度图对主体对象的边缘比较敏感，而对于主体对象内部比较平滑的区域则由于其剃度值较小而往往被错误地标识为不太重要的区域。比如：在图 2-1 中我们可以看到，蜻蜓的翅膀和植物的叶子都是图像中的重要内容，然而在梯度图中却没有体现出来。

(a)

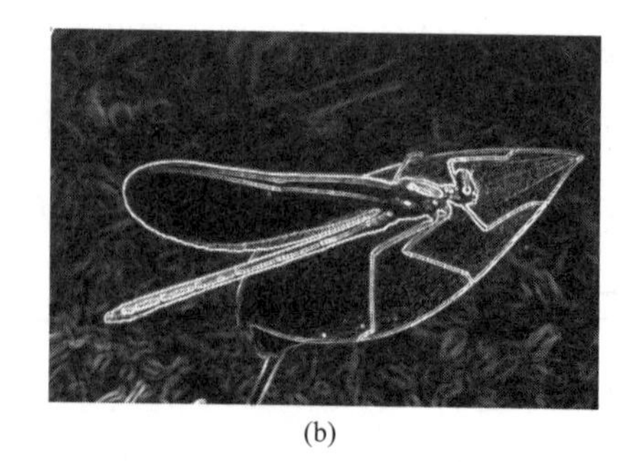
(b)

图 2-1　图像的梯度图示例

(a)原始图像；(b)梯度图

2. 特征显著度图

针对上述问题，许多研究者提出采用定量的方式衡量人眼注意力焦点在图像中的位置，从而得到特征显著度图（saliency map）用以描述图像中人们所关注的区域。特征显著度反映的是图像中不同内容区域对人眼的吸引程度，属于视觉感知的范畴，也是计算机视觉领域的一个重要研究内容。关于特征显著度的计算方法大致可分为两类，一类是由数据驱动、独立于任务的自底向上（bottom-up）的计算方法，另一类是受意识支配、依赖于任务的自顶向下（top-down）的计算方法。自底向上的方法是基于低层次特征，例如边缘方向、颜色和强度等来衡量的，而自顶向下的方法则是利用图像的语义信息，比如重要对象（如人脸、身体和文字等）的位置、结构和对称性来衡量的。

自底向上方法一个最为经典的模型是由Itti L.于1998年提出的。该模型[2] [3]作为最早提出的计算机视觉注意模型，是受到了人类视觉系统的启发而研究出来的。Itti L.模型是基于图像的低层次特征，例如方向、颜色和强度来研究的，其主要原理是对输入图像首先进行多个特征通道和多尺度的分解，从而建立一个多分辨率的图像金字塔，然后进行滤波得到各个通道的特征图，最后将多种特征、多种尺度的视觉空间通过中央–周边（center-surround）算子得到的各个特征图合成最终的特征显著度图。该模型可以较为有效地检测到图像中人们比较关注的区域，因此被广泛使用，但是由于该方法在计算过程中不断地使用邻近插值法，因此最终导致显著图的分辨率降低，并且丢失了边缘信息。

Ma Y. F.和 Zhang H. J.[4]提出了一种基于启发式的方法，这种方法可以分析对比度，比 Itti L.提出的方法更高效，运行速度更快，效果却与 Itti L.方法不相上下。Harel J.[5]等人提出了一种基于图的特征显著度模型，该方法把图像用图结构描述，像素之间的差异描述为边缘的权重值。显著性区域检测问题被转化为图结构上的马可夫随机游走问题，被访问次数最多的节点被选择为显著性节点。Achanta R.[6]等人提出了一个基于频率的方法，该方法是通过计算图像的模糊版本与原始图像在 Lab 颜色空间中的平均颜色的欧氏距离来衡量特征显著度的，因此该方法比较适用于图像中的显著性物体和其周围颜色不同的情况。而且该方法生成的特征显著度图是一幅全分辨率的图像，因此也具有良好的边界信息，因为在计算特征显著度的时候，该方法是对原始图像进行操作而没有进行任何的降采样。Cheng M.[7]等人采用了基于颜色直方图对比的方法来描述图像的显著性。他们把图像的颜色采用直方图建模，一个像素的显著性被定义为像素值和直方图每一项差值的总和。Goferman S.[8]等人根据人类视觉特性的四项基本原则提出了带有上下文信息的显著性区域检测方法。首先图像的特征显著性被定义为图像中一个像素和其他像素差异值的加权和，为了避免图像每个像素都计算加权差异值，图像中的像素块只与和它最相似的像素块计算加权差异值，权重为两个像素块中心距离的反比。然后通过设置一定的阈值，获得图像的显著性区域点，通过相似性度量，在显著度中增长图像的显著性区域，引入图像的上下文信息。Jiang B.[9]等人提出了一种使用吸收马可夫链的特征显著度检测方法，该方法联合考虑了特征显著物体与背景的外观差异以及空间分布，选择虚拟边界节点作为马可夫链的吸收节点，并计算出从每个瞬态节点到边界吸收节点的吸收时间。瞬态节点的吸收时间可以测量其与所有吸收节点的全局相似性，并由此在将吸收时间作为测度时从背景中分离出特征显著的物体。五种自底向上方法生成的特征显著度图的举例展示如图 2-2 所示。

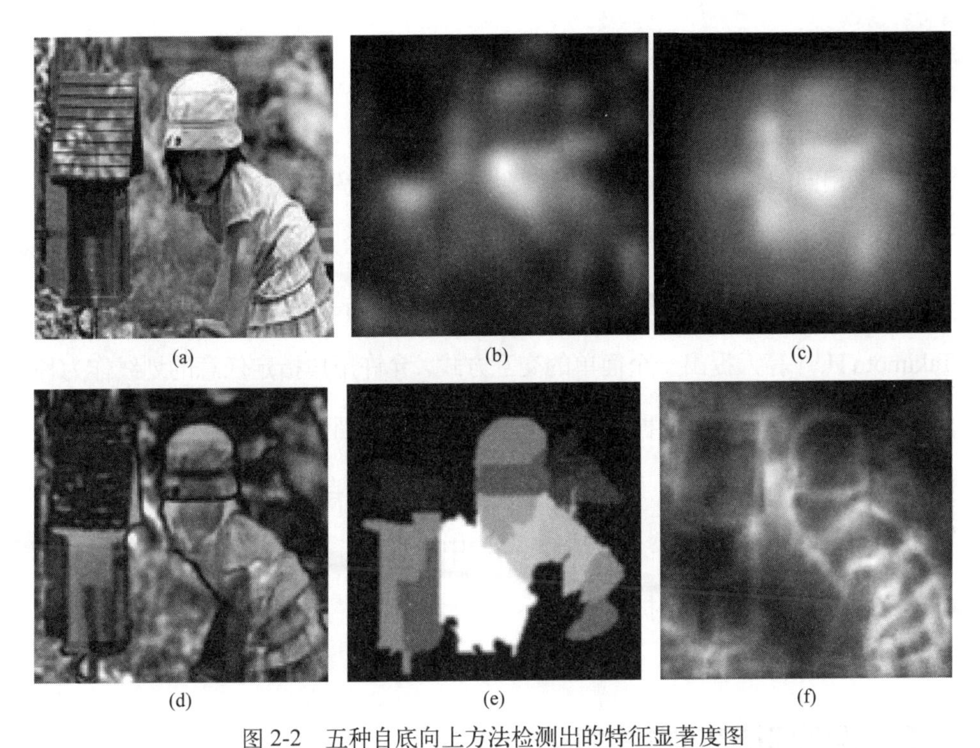

图 2-2　五种自底向上方法检测出的特征显著度图

(a)输入图像；(b)采用 Itti L.方法[3]生成的特征显著度图；(c)采用 Harel J.方法[5]生成的特征显著度图；(d)采用 Achanta 方法[6]生成的特征显著度图；(e)采用 Cheng M.方法[7]生成的特征显著度图；(f)采用 Goferman 方法[8]生成的特征显著度图

自顶向下的方法考虑的是图像的语义信息，在重定向方法中，常用的自顶向下的检测工具以自适应增强（Adaptive Boosting，AdaBoost）人脸检测器[10, 11]为代表。其核心思想是针对同一个训练集使用不同的分类器(弱分类器)，然后把这些弱分类器集合起来，构成一个更强的最终分类器(强分类器)，从而通过学习的方法来检测出图像中人脸所在的区域。Kiess J.[12]等人提出了一个可以区分人脸是在焦点对准处还是焦点之外的人脸检测算法。Fan X.[13]等人把一个文字检测器作为他们自顶向下特征显著度的一个组件。Felzenszwalb P.[14, 15]等人提出了一种基于特殊训练的可变形部分模型（discriminatively trained deformable part models）的物体检测算法，该算法可以实现对图像中人物的检测。自顶向下方法通常与自底向上方法相结合来生成重要度图。

3. 用户指定重要度图

对于相同的图像，不同的观察者会有不同的理解，因此通过用户交互学习定义重要度是获取图像重要度最理想的方式。Gal R.[16]等人让用户指定需要保护的特征区域，然后依据用户指定的特征掩模(feature mask)进行图像重定向。Takimoto H.[17]等人提出一个简单的交互方式，允许用户指定任意的划线作为种子，然后找到包含所有的种子像素包围盒，并将包围盒内的区域定义为重要区域。Chen R.[18]等人提出了一个保护任意直线的半自动化技术，一方面使用Fermandes L. A. F.[19]的方法自动检测图像中的直线，另一方面允许用户根据自己的需求标记指定需要保护的直线。

2.3 图像重定向方法概述

传统的重定向方法主要有均匀放缩（homogeneous scaling）方法、剪切（cropping）方法以及宽银幕式（letterboxing）方法三种。均匀放缩方法，如图 1-3（b）所示，采用插值的方式将原始图像在横向和纵向两个方向上进行拉伸或压缩，从而将图像均匀地放缩为目标尺寸。所谓均匀是指对原始图像中的每个像素都做同样的插值处理。常用的均匀放缩插值方法有最近邻（nearest neighbor）、双线性插值（bi-linear interpolation）、双三次插值（bi-cubic interpolation）等。均匀放缩的结果是在重定向过程中不会丢失图像中的内容，但其缺陷是图像在宽高比上变化越大，拉伸变形就会越严重，从而导致图像在视觉上的严重变形。尤其在放大图像时，该方法采用差值的方式在图像上插入许多通过原有像素点色彩值计算出的新像素，导致图像的清晰度大大降低。最初的剪切算法，如图 1-4（c）所示，是裁减掉原始图像的边界内容，只保留与目标屏幕宽高比相同的中央区域的内容，然后将保留在裁减区域的内容被等比例放缩（uniform scaling）为目标尺寸。值得说明的是等比例放缩与均匀放缩有所不同，等比例放缩对每一个像素在水平和垂直方向上的放缩比例相同，而均匀放缩对每一个像素在水平和垂直方向上的放缩比例是可以不同的。这种方法的处理结果是由于剪切的方法在原始图像中直接剪切出和目标宽高比一样的区域，因此在结果图像中不会出现视觉上的变形，但是剪切区域外的图像内容会全部丢失，因此会导致原始图像中部分内容甚至是重要内容的丢失。宽银幕式方法，如图 1-4（d）所示，则是首先将原始图像内容等比例放缩直到能够全部显示在目标显示屏幕上，然后在屏幕的上侧和下侧填充黑色区域。这样的处理方法，虽然能够很好地保持图像或者视频的内容，但是会造成显示屏幕空间上的很大浪费，而且当显示屏幕较小的时候，会严重地影响图像的可读性。

这三种传统的方法均忽视了图像内容的差异性，因此在很多情况下生成的重定向结果不太令用户满意。针对这些问题，近年来研究者们又提出了大量基于图像内容的图像重定向方法。根据这些方法所采用的处理策略，本书将其分为六类，分别为基于接缝裁剪的方法、基于变形的方法、基于内容剪切的方法、基于补丁的方法、基于分割的方法和基于多操作数的方法。

1. 基于接缝裁剪（seam carving）的方法

接缝裁剪方法是由 Avidan S. 和 Shamir A.[20]于 2007 年提出的基于内容感知的图像缩放技术。所谓接缝裁剪是指通过连续删除或者插入连通的水平（垂直）穿过整幅图像的不太引人注意的接缝（seam）来实现图像缩放技术。其中，接缝的宽度为一个像素，删除接缝时将会缩小图像，插入接缝则会放大图像。

处理水平接缝会改变图像高度，处理垂直接缝则会改变图像的宽度。

虽然接缝裁剪的方法非常适合对自然风景图像进行重定向，能够获得用户满意的效果，但是当图片中的内容比较拥挤或者结构特征非常丰富时，重定向的效果往往难以让人满意。有时会破坏图像的整体结构，甚至会严重破坏图像中的重要内容，如图 2-3（d）所示。

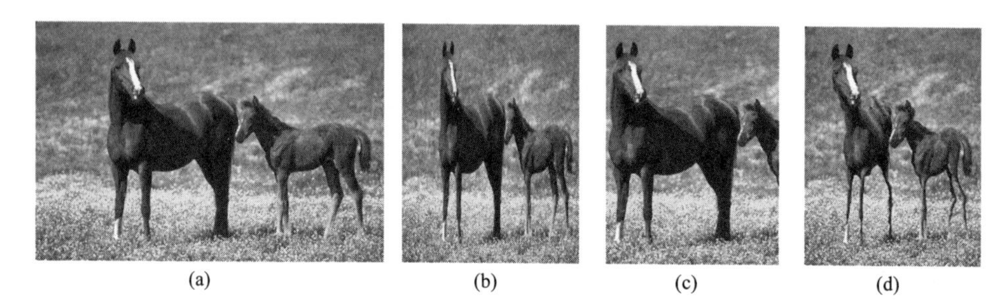

图 2-3　将宽高比为 3：2 的原始图像(a)使用三种不同方法重定向到宽高比 3：4 所得图像

(a)原始图像；(b)均匀缩放；(c)剪切；(d)接缝裁剪

2. 基于变形（warpping）的方法

基于变形的方法是利用在空间上已经发生变化的一个变形对原始图像进行变形处理，其隐藏变形的策略是将变形尽可能地分布到图像中对人的视觉系统影响不显著的区域中。该类方法先将图像划分为网格，然后在目标图像大小的约束下，依据一定的准则进行优化生成新的变形网格，最后在对应网格间进行逆向映射生成目标图像。其准则为保持图像中重要度高的主体区域内网格尽量不变或尽量做长宽等比例统一缩放而让拉伸变形尽可能发生在重要度较低的背景同构区域。例如：Gal R.[16]等人的方法通过限制重要区域的变形为相似变换（similarity transformation）来保持用户手工指定的重要区域的形状，因此重要区域外的内容有可能会出现变形。Wolf L.[22]等人的方法是在进行缩小重定向时，将不重要的区域大幅度收缩，而对重要的区域尽量不收缩。

然而，这类采用空间上变化的变形来处理原始图像的方法可能破坏图像的全局结构，如线段和对称特征等，如图 2-4（e）所示。而且如果当特征显著区域遍布整幅图像时，图像中因为没有可以用于变形的不重要区域，则该方法的结果就会与均匀放缩的结果类似。

图 2-4　将宽高比为 5∶4 的原始图像(a)使用四种不同方法重定向到宽高比 5∶8 所得图像

(a)原始图像；(b)均匀缩放；(c)剪切；(d)接缝裁剪；(e)变形

3. 基于内容剪切（content-aware cropping）的方法

基于内容剪切的方法首先根据重要度图对原始图像进行裁剪，获得一个与目标屏幕具有相同宽高比的区域，然后将该区域等比例放缩为目标屏幕尺寸。Suh B.[23]等人提出了一种自动根据图像内容进行裁剪的方法。该方法首先计算出图像的特征显著度图（saliency map），然后依据该图使用贪心算法选出包含特征点最多的窗口进行剪切。如果图像中包括人物，则他们会简单地选择可以检测出人脸的区域进行剪切。

很显然，由于该方法可以将剪切区域内的图像内容完全保留下来，因此可以完全避免剪切区域内图像内容的变形，但是剪切区域外的图像内容会全部丢失，即使其中仍含有重要的图像内容。如果对于特征显著点比较集中的图像使用该方法，该方法具有突出的优势，重定向的效果较好，如图 2-5（c）所示。但是对于那些特征显著点非常多而且分布比较广的图像，比如包含人物比较多的图像，该方法就会造成图像中大量重要内容的丢失，如图 2-3（c）和图 2-6（c）所示。另外，基于内容剪切方法能否剪切合适很大程度上依赖于重要度图的正确性。

(a)

(b)

(c)

图 2-5 将宽高比为 3：2 的原始图像(a)使用两种不同方法重定向到宽高比 1：1 所得图像

(a)原始图像；(b)均匀缩放；(c)剪切

4. 基于补丁（patch-based）的方法

基于补丁的方法是通过对补丁的操作来实现图像重定向的。该方法首先是计算图像补丁间的距离，目的在于将输入图像和重定向后图像之间的距离测度最小化，然后重新排列这些图像补丁，以形成最终的重定向图像。Pritch Y.[24] 等人提出了一种基于位移图（shift map）的图像重定向方法，这种方法能够高效去除图像中的图像块。他们使用移位图来指定输出图像中的每一个像素针对于其在输入图像中原来位置的相对位移，并且提出了一种基于几何重排列的最优图标号法，用一个离散图来表示重定向后的输出图像，其中用图标号来表示位移量，从而结合代价函数来对重定向图像进行全局优化。该方法可以删除图像中的带状区域，因此在很多情况下会造成图像内容的大量丢失，如图 2-6（d）所示。

图 2-6　将宽高比为 3∶2 的原始图像(a)使用四种不同方法重定向到宽高比 3∶4 所得图像

(a)原始图像；(b)接缝裁剪；(c)剪切；(d)基于补丁；(e)多操作数

5. 基于分割（segmentation-based）的方法

基于分割的重定向方法主要原理是首先将图像分割成区域块，并且通过重要度图识别出图像中的重要区域，然后删除这些重要区域并填补在当前结果图像中留下的空白区域，接着将这个填补后的图像重定向为目标尺寸，再将前面删除的重要区域重新添加到图像中的相应位置。由此可以看出，该方法重定向结果的好坏完全取决于图像分割的质量以及填充的质量。

6. 基于多操作数（multi-operator）的方法

正如前面所讲的，因为各种重定向方法都各有优点和缺点，所以没有一个单一的方法可以在各种情况下使重定向都能获得理想的效果。因此，近年来有一种研究趋势，就是将多种重定向方法顺序组合起来用于图像重定向。Rubinstein M.[25] 等人通过用户调查发现，用户倾向于组合使用接缝裁剪、剪切和均匀放缩三种方法来生成让他们满意的重定向结果。受这一发现的启发，Rubinstein M. 等人提出了一个基于多操作符的重定向方法。该方法将重定向空间定义为结合多个操作数的多维概念空间。重定向问题被转换为寻找重定向空间内的一条最优路径的问题，该路径对应一系列重定向操作数。因此，该方法继承了每个操作符自身的优点和缺点，在很多情况下可以得到让人满意的重定向结果，如图 2-6（e）所示，但是该方法的重定向效果如何将完全取决于采用的操作数以及这些操作数的组合方式，因此有时也会效果不佳。关于这一点，将在后面的 2.9 节中进行详细的讨论。

以上六类图像重定向方法得到了众多国内外专家的普遍关注和研究，因此各类方法都有了一定的改进和发展。在接下来的 2.4 节至 2.9 节，本书将对这六类方法的主要原理以及其典型方法的发展现状等进行更为详尽的描述和分析。

2.4 基于接缝裁剪的方法

接缝裁剪算法[20]的主要原理为通过迭代的删除或者插入对图像贡献最小的接缝来实现对图像宽高比或者尺寸的改变。接缝可分为水平接缝（horizontal seam）和竖直接缝（vertical seam）两种。水平接缝为一条由像素组成的从图像左侧穿过图像到右侧的一条八连通路径，该路径在图像的每一列中包含且仅包含一个像素；而竖直接缝则为从图像底部穿过整个图像到达图像顶部的一条八连通路径，该路径在图像的每一行中包含且仅包含一个像素。

为了保持图像内容的主要特征，最小化重定向后图像的视觉变形程度，接缝裁剪算法每次都必须选择能量最小的接缝进行删除或插入。所谓接缝的能量则是指在该接缝中所包含的所有像素的重要度值的总和。在接缝裁剪算法中，像素的重要度值被定义为该像素处的梯度值。

设图像 I 中任意一点的坐标为 (x, y)，则图像中每一个像素点处的能量值 $e[I(x, y)]$ 计算为

$$e[I(x,y)] = \left|\frac{\partial}{\partial x} I(x,y)\right| + \left|\frac{\partial}{\partial y} I(x,y)\right| \tag{2-1}$$

能量最小的最优接缝（optimal seam）是采用动态归化算法来寻找的。

以竖直接缝为例，在动态规划过程中，假设图像中位于(i, j)位置的像素其重要度为 $e(i, j)$，则在该像素点处的累积能量 $M(i, j)$ 为

$$M(i,j) = e(i,j) + \min[M(i-1,j-1), M(i-1,j), M(i-1,j+1)] \quad (2\text{-}2)$$

即从图像中第二行各像素开始逐步把当前像素的能量值与前一行中三个相邻像素（若当前像素处于该行的第一个或最后一个位置时，该像素在前一行中只有两个相邻像素）中的最小能量值相加，直到最后一行。这样可以计算出每个像素处所有可能连通的具有最小累积能量的竖直接缝，从而最终得到一个累积能量矩阵 $\boldsymbol{M}$，该矩阵最后一行的值表示的是对应的每一条能量最小的竖直接缝的末端，如果选择这一行中的最小值然后通过回溯找到其路径，就可以得到全局最优接缝。图像中的一条水平接缝和一条竖直接缝如图 2-7 所示。

图 2-7　图像中的一条水平接缝和竖直接缝示例

当图像需要在宽度和高度两个方向上的尺寸都发生改变时，接缝裁剪算法会选择最优的顺序来对图像的竖直接缝和水平接缝进行操作。设原始图像尺寸为 $n \times m$，而目标尺寸为 $n' \times m'$，如果 $m' < m$ 且 $n' < n$，则需要删除 $m - m'$ 条水平接缝和 $n - n'$ 条竖直接缝。在每次选择删除竖直接缝和水平接缝进行删除的

时候，都要选择当前能量最小的接缝。而删除水平接缝和竖直接缝的最佳次序由目标函数所确定，其中 $k=r+c$，$r=m-m'$，$c=n-n'$，$\alpha_i \in \{0,1\}$，$\sum_{i=1}^{k}\alpha_i = r$，$\sum_{i=1}^{k}(1-\alpha_i)=c$，$\alpha_i$ 决定在第 i 步删除水平接缝还是竖直接缝，E 为能量函数。

$$\min\sum_{i=1}^{k}E\left[\alpha_i s_i^x+(1-\alpha_i)s_i^y\right] \tag{2-3}$$

这样就需要建立一个能够描述删除的接缝的累积能量状况的尺寸为 $c\times r$ 的迁移图（transport map）T，$T(i,j)$ 表示图像大小为 $(n-i)\times(m-j)$ 的时候删除的接缝的累积能量的最小值。一个大小为 $(n-i)\times(m-j)$ 的图像可以由一个尺寸为 $(n-i+1)\times(m-j)$ 的图像删除一条竖直接缝得到，或者由一个尺寸为 $(n-i)\times(m-j+1)$ 的图像删除一条水平接缝得到，所以

$$\begin{aligned}T(r,c)=\min\Big\{&T(r-1,c)+E[s^x(I_{n-r-1\times m-c})],\\&T(r,c-1)+E[s^y(I_{n-r\times m-c-1})]\Big\}\end{aligned} \tag{2-4}$$

该迁移表通过动态规划计算出，然后回溯得到每次删除接缝的顺序。按着这个顺序逐条删除水平接缝或者竖直接缝就可以得到最终图像。

但是如果图像仅需要在宽度或者高度的某一个方向上改变时，接缝裁剪方法却仅仅在单一方向上进行删除或者添加接缝操作，这样就会导致图像中单个方向上的图像内容过度丢失。关于这一点将在本节的后面部分进行讨论。

Rubinstein M.[26]等人注意到接缝裁剪方法[26]只考虑到被删除像素所具有的能量而忽略了在删除该像素时所增加的能量。因此，它们提出了前方能量（forward energy）接缝裁剪算法，对原始的接缝裁剪方法进行了改进。该算法补充考虑了由于删除某些像素而使原本不相邻的像素成为相邻像素时所增加的能量。对于一条接缝，如果在删除后导致的新增能量的数量最小，则该接缝就是所要寻找的最优接缝。最优接缝的寻找仍然应采用动态规划算法来实现，只

是在动态规划过程中（以竖直接缝为例），应将接缝上每个像素点处的累积能量 $M(i,j)$ 更改记录为

$$M(i,j)=e(i,j)+\min[C_{\mathrm{L}}(i,j)+M(i-1,j-1),C_{\mathrm{U}}(i,j)+M(i-1,j),C_{\mathrm{R}}(i,j)+M(i-1,j+1)] \tag{2-5}$$

式中 C_{L}、C_{U} 和 C_{R} ——三种情况下原本不相邻的像素成为相邻像素时产生的梯度值。

以竖直接缝为例，删除当前像素点时，原本不相邻的像素即成为相邻像素，从而形成新的相邻关系，具体内容如图 2-8 所示。其中图中加粗线所示的是以竖直接缝为例，当出现（图中灰色像素所示）而且产生了新的像素边界。

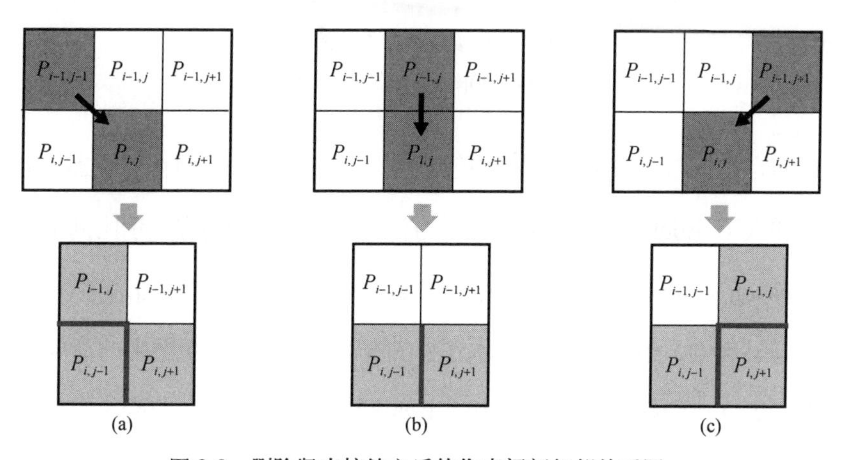

图 2-8 删除竖直接缝之后的像素间新相邻关系图

(a)左列单个像素右移；(b)左列双像素右移；(c)右列单个像素左移

因此，在任意一点坐标 (i,j) 处的 C_{L}、C_{U} 和 C_{R} 可表示为

$$\begin{aligned}C_{\mathrm{L}}(i,j)&=\left|I(i,j-1)-I(i-1,j)\right|+C_{\mathrm{U}}(i,j)\\C_{\mathrm{U}}(i,j)&=\left|I(i,j+1)-I(i,j-1)\right|\\C_{\mathrm{R}}(i,j)&=\left|I(i-1,j)-I(i,j+1)\right|+C_{\mathrm{U}}(i,j)\end{aligned} \tag{2-6}$$

通过这种改进，优化后的接缝裁剪算法可以在一定程度上消除文献[20]中方法

所产生的人工噪声点。两种接缝裁剪方法的重定向结果比较如图 2-9 所示，将原始图像 (a)重定向为原始宽度的一半（高度保持不变）的结果比较，(b)为文献[20]中接缝裁剪方法的结果，而(c)为文献[26]中改进后的接缝裁剪方法的结果。

(a)

(b)

(c)

图 2-9 两种接缝裁剪方法的比较图

(a)原始图像；(b)接缝裁剪[20]；(c)接缝裁剪[26]

总而言之，接缝裁剪算法[20]的创新性是毋庸置疑的。目前，文献[20]的作者已经加入了 Adobe 公司，接缝裁剪方法也已作为一种内容识别比例工具集成到 Photoshop CS4 及更高的版本中。文献[26] 中的方法对文献[20]中方法的改进效果是显著的，但是由于这两种方法在缩放图像时都对图像中的重要内容识别不够，无法避免接缝穿过图像中的重要区域，而且在重定向后图像尺寸仅在一个方向上发生变化时则仅可对原始图像中一个方向上的接缝进行操作，因此很容易破坏图像中的重要内容和结构，以至于造成视觉上的严重变形。比如，在如图 2-9 所示中人物的体型和伞的形状都产生了严重变形。这是因为在接缝裁剪算法中图像的重要度图是基于梯度来计算的。由式（2-1）可知，当像素与其相邻像素对比度较大时，该像素处的梯度值会较大，反之会较小。因此，梯度图只对主体对象的边缘比较敏感，而对于主体对象内部比较平滑的区域不敏感，这就导致位于主体内部比较重要的区域会因为其相应的梯度值较小而被错误地标识为不太重要的区域。而且，当前景内容和背景内容对比度较小的时候，前景内容并不会被突出。这样就无法避免需要插入或者删除的接缝会穿过该区域，从而造成图像内重要主体的变形，如图 2-9（a）所示中图像的梯度图为图 2-10（a）所示，可以看出在梯度图中伞的内部以及左侧打伞人的身体区域比较平滑，因此梯度值较小。这就使在将图 2-9（a）原始图像使用前方能量方法重定向为原始宽度的一半（图像高度不变）时，需要删除的竖直接缝有很多穿过伞的内部以及左侧打伞人的身体区域，如图 2-10（b）所示，从而导致这两部分重要主体严重变形，生成了重定向结果图像，如图 2-9（c）所示。

(a)

(b)

图 2-10　梯度图及接缝裁剪方法示例

(a)图 2-9 中原始图像的梯度图；(b)需要删除的竖直接缝示意图

注　执行宽度减半高度不变的接缝裁剪重定向操作时，需要删除的竖直接缝如图(b)所示（使用方法参见文献[26]）。

针对这些问题，许多研究者们纷纷对方法[20]和[26]进行了改进，改进方法总体来说可以分为两类。

1. 优化重要度图

Wang Y. S.[27]等人提出以图像中像素处的梯度值和其使用 Itti L.模型计算出的特征显著度值的乘积作为该像素的重要度。从原理上可知，该方法只会赋予图像中梯度值和特征显著度值都大的像素较高的重要度值，因此该方法在很多时候同样无法正确地识别出图像中重要物体的内部区域。Shi M. L.[28] 等人认为使用图像中像素处的梯度值和特征显著度值的加权平均方法计算像素的重要度将更为合理，而且还进一步将基于稀疏特征的单分辨率的特征显著度模型[29] 改进为多分辨率模型。该方法可以相对较好地识别出图像中重要物体的内部区域，而且还可以同时保存背景区域中的结构信息。当然，对琐碎细节信息的滤除没有 Wang Y. S.等人提出的方法好，同时对于处理带有人物尤其是人的面部信息较多的图像效果不太令人满意。

Hwang D. S.和 Chien S. Y. [30] 提出建立一个基于视觉感知的模型用于接缝裁剪方法，该模型将梯度图、Itti L.模型的特征显著度图以及基于 AdaBoost 方法的人脸检测器加权后组合在一起生成图像的重要度图。在该重要度图的指导下，接缝裁剪方法的重定向效果比原来要好一些，尤其在处理带有人脸的图像时。但是一方面由于其使用的人脸检测器仅对面向镜头的正面人脸较为敏感，对于人脸的侧面以及距离镜头较远的人脸不敏感，因此即使在处理包含人物的图像重定向问题时，有时效果也不理想。另一方面由于 Itti L.模型对于图像中显著点的检测不太准确，而且生成的特征显著度图的分辨率较低，因此有时也不能很好地保护图像中的重要内容。Ren T. W.[31]等人提出采用各种能量相互独立的多能量模板约束策略，根据与目标函数或约束条件相关联的图像内容性质对于优化方程中的某一个变量选取相应的能量进行约束。

Achanta R.[6]等人提出了一种基于频率的检测特征显著度的方法，并将该方法生成的特征显著度图直接替换梯度图用于接缝裁剪算法[32]，其效果优于先前的其他检测特征显著度方法，但是由于该方法在检测特征点时是通过比较图像的模糊版本与原始图像在 Lab 颜色空间中平均颜色之间的差别来寻找特征点的，因此对于图像中那些和原始图像在 Lab 颜色空间中平均颜色比较接近的区域会出现检测失误的现象。如图 2-11（c）所示，Achanta R. 等人的方法没有检测到图像中右侧这名男子的腿部以及高尔夫球杆为特征显著的区域，因此重定向结果图像虽然较原来的接缝裁剪算法效果较好，但依然丢失了重要的图像信息，如图 2-11（f）所示。

如图 2-11 所示，将原始图像（a）分别依次使用三种重要度图采用接缝裁剪算法重定向到原始宽度的 80%（高度保持不变）的实验结果。

图 2-11　接缝裁剪方法采用三种不同重要度图的实验结果比较

(a)原始图像；(b)梯度图；(c)采用文献[32]中方法得到的特征显著度图；(d)采用文献[33]中方法得到的重要度图；(e)采用重要度图(b)的实验结果；(f)采用重要度图(c)的实验结果；(g)使用重要度图(d)的实验结果

Domingues D.[33] 等人发明了一种带有决策机制的重要度图计算方法。该方法根据一定的约束条件来决定使用梯度图还是基于频率的特征显著度图来组合其他因子,也就是在梯度图和特征显著度图之中二选一,然后再和边缘检测器、人脸检测器、霍夫直线检测器组合在一起计算图像的重要度图。实验表明，单独依赖梯度图或者特征显著度图都是不太可靠的。比如，在如图 2-11 所示中可以看到 Domingues D.等人的方法对于该图像选择的是特征显著度图与其他因子组合生成重要度图，如图 2-11（d）所示。由此可以看出，该图与仅使用基于频率的特征显著度图相比并无明显的改善，因此依然无法检测到图像中以右侧男子的腿部以及高尔夫球杆为特征显著的区域，从而最终导致重定向结果中右侧男子腿部信息丢失而且球杆变形，如图 2-11（g）所示。然而，值得一提的是梯度图却很好地突出了高尔夫球杆以及右侧男子的腿部，从而在重定向结果图像中较好地保持了这两者的形状。

Goferman S.[9]等人发明了带有上下文信息的显著性区域检测方法并将其代替梯度图应用于接缝裁剪算法。该方法的重定向结果较原来的接缝裁剪算法也有了一定的改善，但是仍然面临着和文献[32, 33]方法一样的问题，那就是不能同时发挥梯度图和特征显著度图各自的优势。

此外，Kiess J.[34]在标准的能量函数的基础上增加了直线检测（line detection）。接缝和检测到的直线交点附近的像素的能量被增加，从而避免更多地删除交点附近的像素。Subramanian S.[35]等人的方法将皮肤检测结果融入能量函数中。Zhou F.[36]等人在 Canny 边缘检测的基础之上又增加了对主体轮廓的强调，以求能够保持主体的几何形状。Kumar M.[37]使用了一种反图像失真过滤器以增强对图像中主体边缘的保护。Utsugi K.[38]等人提出使用结构线（proportional-lines）来减少对图像的影响。结构线排列在图像中的线段上，用来监测接缝的分布情况，结构线可以保存穿过它们的接缝的数目及结构线与接缝交点的分布，然后动态地操控新的接缝能量从而避免接缝过分地集中在某些区域。Scott J.[39]等人提出首先在多个层次上计算能量，然后将能量合并生成最终的能量图。Han J. W.[40]等人提出了一种基于小波的能量函数，该能量函数能够有效地表示图像特征。Cho H.[41]等人提出了一种重要度扩散机制。该机制将删除的像素的重要度扩散到其邻接的像素的重要度上，这样就会增加所要删除接缝相邻像素的重要性，使其在之后可以重新计算图像的能量矩阵，并在寻找下一条最小能量接缝时，不容易出现与该条删除的接缝相邻的像素，从而可以有效地避免对相对来说不太重要区域的过度扭曲变形。Mansfield A.[42]使用了一个能见度图(visibility map)将图像编辑定义为一个图形标记问题，并且对像素能量使用了贪婪优化技术来寻找最优的接缝裁剪方法。

2. 双向搜索寻找接缝

接缝裁剪算法在处理图像单一方向上尺寸发生改变的重定向问题时，往往只对单一方向上的接缝进行添加或者删除，这样会造成该方向上信息的过度丢失。比如在图 2-12 中，使用接缝裁剪算法[20]将左侧的原始图片宽度减半而高度不变时，接缝裁剪算法不断地删除竖直接缝，直到原始图像的宽度减半，这样会导致图像在水平方向上的信息过度丢失，可以看到钟楼下方的树木和房子缺失了很多信息。

针对这种情况，Wang Y. S. [27]等人提出间接接缝裁剪(indirect seam carving)方法，当图像在宽度上减小的时候，可以选择首先在图像中插入一系列水平接缝使新图像的宽高比与目标图像一样，然后再通过均匀缩放将图像重定向为目标尺寸，如图 2-12(c)所示。图 2-12 给出了该方法与接缝裁剪方法的实验结果比较，将原始图像(a)采用接缝裁剪算法以及间接接缝裁剪方法重定向到高度保持不变，宽度减为原始宽度的50%的结果分别为图像(b)和(c)。

(a)

(b)

(c)

图 2-12　间接接缝裁剪方法与接缝裁剪方法的实验结果比较

(a)原始图像；(b)接缝裁剪；(c)间接接缝裁剪

Domingues D.[33]等人指出应考虑重定向时图像宽高比的改变而不是考虑尺寸的变化，从而发明了双向搜索（bi-directional search）接缝方法进行操作，而且提出了流裁剪（stream carving）策略。该方法在寻找对水平接缝或者竖直接缝进行操作的次序时采用的方法与Avidan S.[20] 相同，需要通过动态规划计算出迁移图，然后回溯依据迁移图进行操作，这样会导致算法效率较低。而且当在某个方向上需要插入和复制接缝时，该算法可以找到当前水平接缝和竖直接缝中具有最小能量的接缝，如果发现这条接缝没有穿过重要的边界或者人脸，则会一次性复制若干条接缝组成的“流”而不是一次只复制一条接缝。比如图2-13（b）所示的一条宽为20条接缝的“流”。在将图2-13中尺寸为240×160的原始图像（a）重定向为尺寸120×160，接缝裁剪方法选择的是删除120条竖直接缝，而Domingues D.等人的方法则是添加一定数量的水平“流”，使图像达到目标比例 3∶4，之后再通过等比例缩放将该图像重定向为尺寸 120×160。可以看出，通过这种策略可以较好地保护图像中椅子的形状，但是该方法显然会改变图像中整体布局的形状，比如图中椅子高度和水面的相对比例。

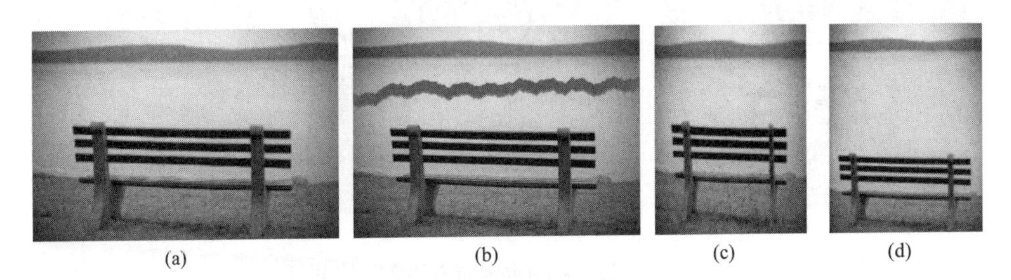

图 2-13 接缝裁剪方法与文献[33]中方法的实验结果比较

(a)原始图像；(b)一条宽度为 20 个像素的“流”；(c)接缝裁剪方法的实验结果图；
(d)文献[33]中方法的实验结果图

注 将尺寸为 240 × 160 的原始图像(a)采用接缝裁剪算法和文献[33]中方法重定向到 120 × 160 的结果图像分别为(c)和(d)。

Shi M. L.[43]等人也提出考虑双向裁剪策略，该方法虽然比 Avidan S.[20]和 Shamir A.[20, 44]有了一定的改进，但是在处理图像单一方向上尺寸发生改变的重定向问题时，该方法仍然是仅在单一方向上进行操作，比如在将图像宽度减半高度不变时，仍然仅仅删除竖直接缝。

除了以上所述的对于接缝裁剪方法的改进外，研究者们还提出了其他形式的接缝改进措施。Brand M.[45]提出了基于褶（darting）的图像重定向方法。与裁缝为了使衣服合体而在布料上做的接缝合褶相似，该方法在图像中插入或从图像中删除像素，但是删除或插入的像素不构成接缝。该方法将图像重定向问题转换为一个凸优化问题（convex optimization problem），该问题的变量是像素的位置，目标是最小化对原始输入的变形。如图 2-14 所示给出了该方法的一个实例。即使很多不连通的像素被删除，如图 2-14（b）所示，图像内容的轮廓也能被很好地保存，如图 2-14（c）所示，甚至连单个像素宽度的线也可保存。

(a)

(b)

(c)

图 2-14 基于褶的重定向方法实验结果图

(a) 原始图像；(b)图像中需要删除的“褶”；(c) 实验结果图

注 将尺寸为 512 × 339 的原始图像采用基于褶的方法重定向到 397 × 339 的结果图像为图(c)。

Sun J.和 Ling H.[46, 47]提出了一种环形接缝裁剪技术，该方法首先通过变形的方式将原始图像的左侧和右侧（或者上侧和下侧）黏在一起而变形为一个圆柱形图像，然后在特征显著度图的引导下，在这个圆柱形图像上删除环形接缝（见图 2-15），就可以让接缝避开特征显著的区域，而且还可以避免出现删除“褶”导致的像素移位现象。

(a)

(b)

图 2-15 环形接缝裁剪方法

(a)圆柱形状的原始图像并带有一条环形接缝；(b)原始图像上的一条环形接缝(a)

2.5 基于变形的方法

基于变形的图像重定向方法首先是在图像上方平铺一个如图像大小的原始

网格，然后在目标图像尺寸大小的约束下，依据一定的准则对原始网格进行优化从而生成新的变形后的网格，最后根据新网格进行逆向映射生成最终的目标图像。其准则则是为了保持图像中重要度较高的重要区域内的网格尽量不变形或尽量做长宽等比例统一缩放而让拉伸形变尽可能发生在重要度较低的背景区域。变形通常使用的网格是标准的矩形网格[48~58]。

Liu F.等人[48]使用一种非线性鱼眼视图变形（non-linear fisheye-view warp）方式来强调图像中人们感兴趣的区域，同时收缩或者拉伸其他区域。该方法提供了四种不同的鱼眼视图变形模式，如图 2-16 所示，最终生成的结果图像是具有非真实感风格的图像。图 2-16 展示了该方法使用四种不同的鱼眼视图变形方式将尺寸为 600 × 450 的原始图像（a）重定向为 150 × 150 大小的相应结果。Zhang L. X.等人[49]提出了一种基于多焦点的鱼眼变形方法，该方法通过使用一种多焦点冲突解决方案，针对多焦点区域提供一种连续的内容过渡方式，可以在无需全部忽略掉非焦点区域的同时突出图像中的焦点区域。

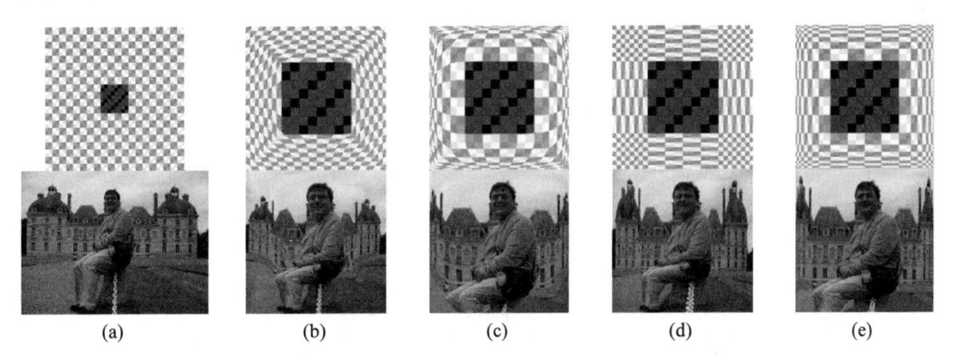

图 2-16 四种不同的鱼眼视图变形方式实验结果比较

(a)原始图像；(b)辐射/线性变形方式实验结果；(c)辐射/二次方式实验结果；(d)笛卡尔/线性方式实验结果；(e)笛卡尔/二次方式实验结果

注 使用四种不同的鱼眼视图变形方式将尺寸为 600×450 原始图像(a)重定向到 150×150 大小的结果图像分别如图(b)(c)(d)(e)所示。

Wang S. F.和 Lai S. H.[50]拓展了 Wolf L.[22]等人的方法，为保护图像中的直

线增加了一个约束条件。Ren T.[51]等人将图像重定向问题转换为一个全局能量优化问题。它使用一个约束的线性规划来最大化重定向结果中保留的能量。该方法将能量保留问题转换为一个有约束条件的 0~1 整数规划问题。为了在多项式时间内解决这一问题，该方法将 0~1 整数规划松弛为线性规划。Chen R.[52]等人将重定向问题归结为一个凸二次规划问题，从而能够保证全局最优化。该方法可以避免重定向过程中基础网格的重影，能够增强特征显著区域的放大效果并能够保持直线的结构。

Wang Y. S.[27]提出了一种基于优化的收缩和拉伸（optimized scale-and-stretch）变形方法。该方法迭代的为每个局部的图像区域计算最优的放缩因子，然后更新变形使之尽可能匹配计算出的最优放缩因子，其重要度测量则采用梯度和特征显著度的乘积。将铁塔图从原始尺寸 1024 × 685 重定向为 650 × 685 变形前后的网格，如图 2-17 所示。

Wang Y. S.[27]的方法着重考虑了网格形状的变化，而 Shi M. L.[53]等人增加了衡量网格大小变化的能量项，可以有效地避免 Wang Y. S.[27]方法中出现的重要物体大小随图像本身尺寸大小的缩放而缩放的弊端。而且该方法通过参数的简单调整，可以在图像的重定向过程中根据用户需求来控制重要物体的尺寸。另外，Wang Y. S.[27]的方法在划分网格时，无法做到网格顶点与图像特征完全重合，这样就很不利于局部特征的保留。针对这种情况，Zhang G. X.[54]等人通过识别重要物体的边界特征点，将包含特征点的网格进一步与特征点相连以生成不同的控制结点，最后通过优化控制结点的变形来保持图像的重要特征。而 Chen R.[18]等人不像 Wang Y. S.[27]一样对网格的长宽使用统一的缩放因子，而是区分 x 轴和 y 轴的缩放因子，根据网格中区域的重要度，调整相应网格中两轴方向上缩放因子的比值，从而控制对应网格的形变程度。在优化网格重要度时则使用凸二次规划方法（convex quadratic program）来求解。Wang Y. S.[55, 56]为了建立局部的放缩因子和其特征显著度的联系而定义了一个二次能量。该能量是放缩因子的加权和，其中每个放缩因子的权重被定义为其对应特征显著度的反比。这样就把图像重定向问题转换为用特征显著度加权的放缩因子能量的最小化问题。

(a)

(b)

图 2-17　文献[27]重定向方法实例

(a)原始图像中的网格示意图；(b)重定向结果图像中的网格示意图

注　将尺寸为 1024×685 原始图像(a)使用文献[27]重定向到 650×685 大小，变形之后的网格为(b)。

Panozzo D.[57] 等人发明了一种使用轴对齐变形空间（axis-aligned deformation space）的图像重定向方法。这种方法表明几种变形能量，比如尽可能相似能量和尽可能刚性能量对基于图像内容的应用很有意义。这些能量可以在轴对齐变形空间得到有效的优化，而且能够满足无重影的约束。由此产生的优化问题可以转换为求最小值的二次规划（quadratic programming）问题，该问题可以使用现成效率极高基于 CPU 计算的 QP 求解器来求解。Niu Y. Z.[58]等人又发明了一种基于非线性变形的图像重定向方法。该方法利用图像块连接方案，能够较好地保持图像信息的全局结构。同时，该方法使用不同的策略来处理将图像放大的重定向问题以及将图像缩小的重定向问题，生成的重定向结果图像能够较好地适应目标屏幕。

基于变形的图像重定向方法使用的网格也可以是三角形网格或者其他形状的网格。文献[54]在矩形网格中加入了一些特殊的句柄（handle），文献[59~62]使用三角网格（triangle mesh），文献[63]使用一种图的表示方法（graph representation），文献[64]使用图像条（image strips），文献[31,65]使用曲线梯形网格。

Guo Y.[59]等人的方法是首先构造出与图像结构一致的三角形网格，然后将图像重定向问题转化为一个带约束的网格参数化问题。该方法将特征显著物体周围的网格边界长度限定为刚性长度，而其余边的长度是在每一次迭代时通过使用带有多重网格求解器的多维牛顿方法计算出来的。其重要度图是将一种基于对比度的方法[60]、人脸检测器、人体估计以及一个可选的用户输入组合起来生成的。图2-18展示了运用文献[59]的重定向方法将尺寸为 550×367 原始图像(a)重定向到 370×370 大小的结果为图像(e)，(b)为参考特征显著度图(c)所建立的原始图像的网格，从重定向结果图的网格图（d）可以看出特征显著区域的网格在重定向过程中未曾改变，而其他区域的网格却被拉伸或者压缩了。

Jin Y.[61]等人希望能够保持重要区域的线性或者曲线特性，并使用三角网格。他们首先使用 Canny 边缘检测器和 Hough 变换找到重要且明显的几何元素，并允许用户指定额外的功能曲线。带有较大特征显著度值的三角形也被标记为重要区域。通过求解一个稀疏线性系统来找到合适的变形，该系统可用于保留特征显著区域，以避免相邻三角形之间的不连续性，以及保持采样的特征点的形状。

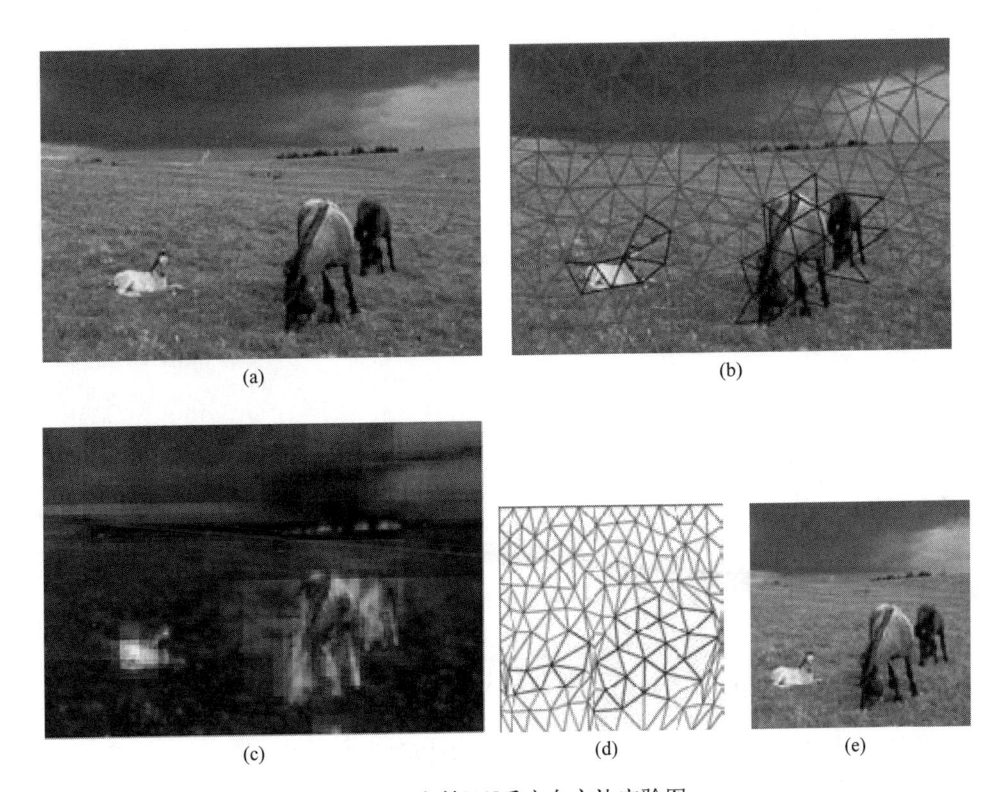

图 2-18 文献[59]重定向方法实验图

(a)原始图像；(b) 参考特征显著度图(c)所建立的原始图像的网格；(c)特征显著度图；
(d)重定向结果图中的网格；(e)重定向结果图

Huang Q. X.[62]等人设计了一个能够保持图像和矢量图全局结构的框架。该方法首先对原始图像进行分析，计算其全局结构和刚性图。然后，将图像重定向转换为一个非线性约束优化问题，并采用由粗到细的优化策略实时地求解优化问题，从而得到最优的重定向结果。

Ren T. W.[31]等人的方法首先基于 Mean-Shift 算法[66]划分出来的均质区域构建曲边梯形，如图 2-19 所示，然后通过最小化网格重要度权重约束下的网格面积变化来达到突出重要物体的目的；通过最小化梯度能量约束下的网格变形量实现消除明显视觉扭曲的目标。

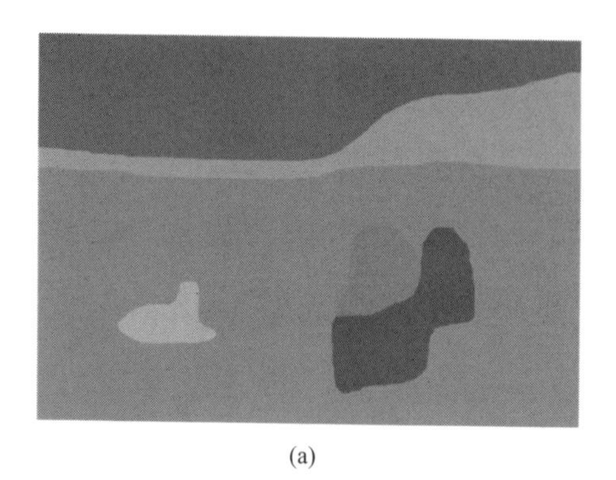

(a)

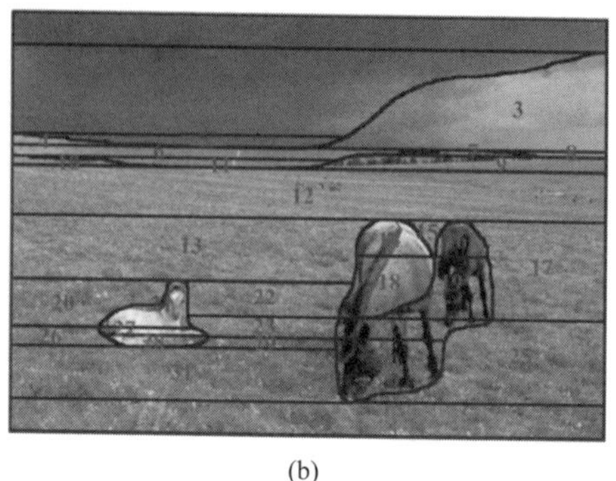

(b)

图 2-19 Mean-Shift 算法示例图

(a)使用 Mean-Shift 算法[66]进行区域划分的结果图；(b)生成的曲边梯形网格

2.6 基于内容剪切的方法

基于内容剪切的图像重定向方法可以获得两种不同的结果：一种结果为一个剪切区域，另一种结果为多个剪切区域组成的裁减序列。

文献[23, 67~75]提出的方法只生成一个剪切区域。Santella A.[67]等人利用眼动跟踪提供的重要内容的位置信息获得原始图像的重要区域，然后剪切掉重要区域外的内容。该方法可将剪切转换为一个优化问题，即在所有可能的剪切空间搜索一个与观察者的兴趣一致并遵循某些基本图像构图规则[75,76]的剪切区域。与观察者的兴趣一致是指剪切区域应该包含重要内容、避免剪切边界穿越背景对象，并且最大化剪切内容的面积。Amrutha I. S.[77]等人依据 Itti L.[2,3]和 Stentiford F.[72]的联合模型来寻找图像中的最佳剪切区域。Nishiyama[78]等人提出了一个针对窗口的子窗口的简单模式匹配搜索，可以将质量分类器的输出最大化，而且还发明了一种可以量化美学的技术。Marchesotti L.[79]等人设计了一个新的视觉显著度检测框架，然后利用该框架生成缩略图（thumbnail）。该方法认为具有相似的总体视觉外观的图像很可能也具有相似的显著度图。假设存在一个标注好的图像数据库，该方法首先应从数据库中检索一些与原始图像最相似的图像，然后建立一个简单的分类器并用它生成图像的特征显著度图，最后，依据该特征显著度图抽取缩略图。该算法的主要流程如图 2-20 所示。

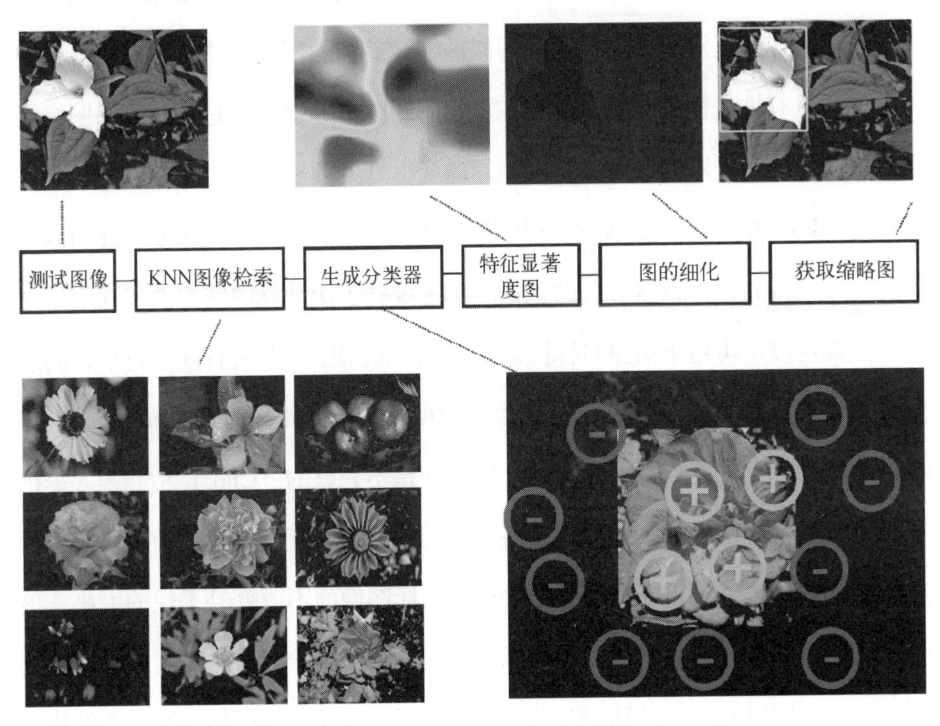

图 2-20 使用 Marchesotti[78]等人方法生成图像缩略图的流程

文献[80~83]提出的方法首先能够获得多个剪切区域，然后按照一定的顺序显示得到的剪切区域。Liu H.[80]等人发明了一种用户感兴趣区域（regions of interests，ROI）排序算法，并使用该算法确定多个剪切区域及多个区域在目标小屏幕上的浏览顺序，在其中最终选择出一个最优的剪切区域。

2.7 基于补丁块的方法

基于补丁块的方法通过补丁块的重新组合来实现对图像的重定向[84, 85]。该算法关注的是图像补丁块之间的距离，旨在最大限度地减少输入图像和重定向图像之间的距离度量，然后重新组合补丁块形成最后的重定向图像。然而，构造一个可以捕获任意两个图像之间相似性细微差别的度量仍然是计算机视觉中一个非常具有挑战性的难题，好在在重定向问题中的度量不是任意两幅图像而是一幅图像的两个不同版本，这样使问题变得好处理一些。

Simakov D.[86]等人定义了一个图像之间的双向相似性度量（bidirectional similarity measure），该度量同时包括利用图像补丁块计算的完整性和连贯性度量。完整性度量可用来衡量目标图像是否包含原始图像的所有视觉特征，而连贯性度量可用来检查变形有没有产生新的视觉畸变。比如剪切（cropping）可以产生一种完全的连贯性，然而结果图像却是不完整的。Cho T. S.[87]等人提出了补丁块变换方法，其主要原理是将图像划分成小的互不重叠的补丁块，然后在一定的约束条件下重新排列补丁块构成目标图像而不改变补丁块的大小，该过程类似拼图游戏，只不过如果目标图像尺寸小于原始图像时需要放弃一些补丁块。该方法的缺点是计算成本高，而且无法很好地保持特征显著区域的结构，但是优点是对于图像全局内容的保护效果较好。Barnes C.[88]等人提出了一个可以快速查找补丁块之间近似最近邻居匹配的随机算法。该算法在每次迭代时都包含两个步骤：在随机选取的候选补丁块中随机搜索以及在邻居补丁块中找到最佳匹配的传播。对于图像重定向问题，Barnes C.[88]等人完善了 Simakov D.[86]等人的方法，通过增加约束最近邻搜索实现对直线保护和物体及直线新位置的约束。Pritch Y.[24]等人发明了一种基于几何重排列的最优图标号法，用一幅离散图也就是位移图（shift map）来标识重定向后的输出图像。位移图中记录的是输出图像中每个像素相对于输出对象中像素的相对位移。该方法是使用启发式的层次方法来求解最优图标号问题，最优位移图是通过最小化一个由数据项和平滑项组成的代价函数而得到的。Liang Y.[89]等人将图像分成小的重要补丁块和非重要补丁块，然后根据补丁块的重要程度，赋予不同的补丁块以不同的缩放因子，再通过迭代的优化过程，最终生成重定向目标图像。

2.8 基于分割的方法

Setlur V.[90]等人提出了一种非真实感重定向方法，该方法首先依据特征显著度图和人脸检测图联合生成的重要度图给使用 mean-shift 方法分割出的不同区域设置不同的特征显著值。根据每个区域的特征显著值确定人们感兴趣的 ROI 区域，然后在图像中删除这些区域并用背景填补这些空洞，生成一幅“背景图”，并将这幅背景图重定向为目标尺寸，再将剪切出的 ROI 区域放回图像中原来的位置。如果有必要的话，这些重要区域会被缩放后再重新被放回，如图 2-21 所示。

后来，Setlur V.等人又提出了重定向矢量动画（vector animation）的方法[91~93]。其具体步骤为重新分布动画的空间细节，夸大重要的关键对象，简化不重要的上下文对象。夸大和简化的程度由对象的重要度决定，而对象的重要度由动画的作者事先指定。图 2-22 展示了夸大（exaggeration）和简化的效果，简化操作包括删除（elimination）、典型化（typification）和轮廓简化（outline simplification）三种。

图 2-21 Setlur V.[90]等人方法的重定向实例

(a)原始图像；(b)分割后的图像；(c)重要度图；(d)标记重要区域；(e)背景图；(f)重定向图

注 使用 Setlur V.[90]等人方法将原始图像(a)从尺寸 270 × 200 重定向到尺寸 180 × 200。

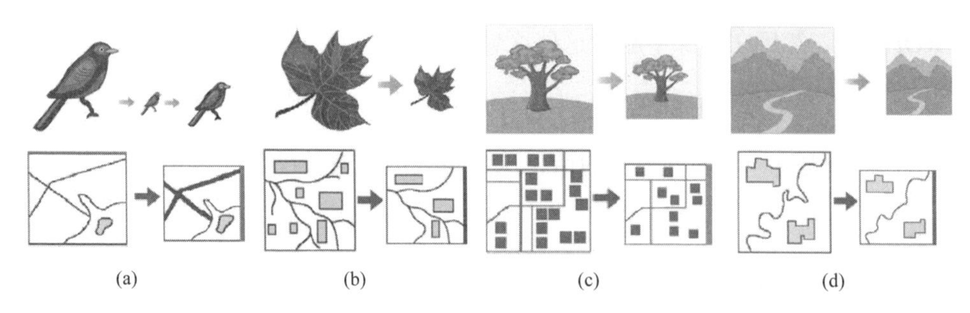

图 2-22 Setlur[91~93]等人提出的夸大和简化效果图

(a)夸大；(b)删除；(c)典型化；(d)轮廓简化

2.9 基于多操作数的方法

由于重定向方法一般无法得到最优化的结果，而只能得到更好一点的结果，因此有许多研究者认为将多种操作数综合用于重定向其结果将会优于单一操作数的方法[94]。Rubinstein M. [25]等人将接缝裁剪方法、剪切以及均匀放缩方法组合在一起实现多操作数的重定向方法。该方法将重定向空间定义为一个在概念上融合多个重定向操作的多维空间，该空间中的一条路径对应一个用来重定向图像或视频的操作序列如图 2-23 所示。使用不同重定向空间中的路径（即多操作数序列）进行重定向会获得不同的重定向结果。其目的是寻找三种操作数的最佳组合方法以求其重定向结果与输入图像间的相似程度最大化，其中相似程度是使用 Simakov D.[86]等人定义的双向相似性度量来衡量的，而该优化过程是通过动态规划算法实现的。

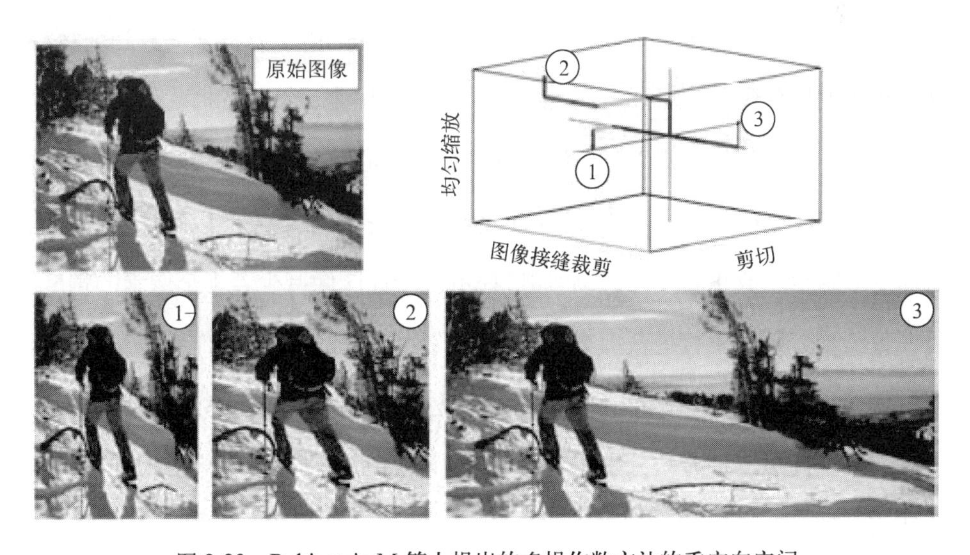

图 2-23 Rubinstein M.等人提出的多操作数方法的重定向空间

文献[30,33,95,98,99]将接缝裁剪算法与均匀缩放组合在一起。Hwang D. S.[30]等人将接缝裁剪算法与均匀缩放方法组合在一起时，提出了一个基于接缝的平均能量的准则。然而这个准则并非放之四海而皆准，因为接缝的平均能量不一定会在每一次删除或者添加接缝的时候都会增加。Dong W. M.[95]等人试图寻找接缝裁剪方法和均匀缩放方法的最佳组合，它们的方法在每删除一条接缝之后都要将图像均匀缩放为目标尺寸，然后计算最后的重定向结果图像与原始图像的距离。最后在这些图像中选择与原始图像距离最小的图像作为最终的重定向图像。此处的距离函数被定义为基于补丁块的双向图像欧几里德距离（IMED）[96]、主色描述符相似度（DCD）[97]以及接缝能量变量的组合。Fang Y.[99]等人提出了一种针对压缩域上的图像（如 JPEG 图像）特征检测方法，并把该方法生成的特征显著度图作为重要度图运用于图像重定向，通过将接缝裁剪方法和均匀缩放方法组合在一起实现对图像的重定向操作。Dong W. M.[100]等人提出了一种将接缝裁剪方法、剪切以及均匀放缩方法组合在一起的快速多操作数重定向方法。该方法将图像能量和主色描述符组合成为表示图像的能量方程来估算当前每种操作导致的局部图像内容和全局视觉效果的损害程度，然后选择代价最小的操作作为下一步的操作，最终通过动态规划或者贪心算法自动地决定三种操作数的最优序列。Qiu Z.[101]等人使用 Achanta R.[6]的特征显著度图以及梯度决定的扭曲变形组合生成重要度图，然后通过在每一步让图像减少若干个像素的宽度，且在每一步分别使用接缝裁剪方法、剪切以及均匀放缩三种操作数来实现，再通过使用重要内容保留测度（ICR）以及视觉畸变减少测度（VAR）决定的质量评估矩阵衡量三种方法分别得到的结果，然后使用动态规划算法找到最优的操作数序列。

除此之外，Kiess J.[12, 102, 103]将接缝裁剪技术与剪切技术组合在一起处理图像的重定向问题。Thilagam K.和 Karthikeyan S.[104]等人提出了一种使用分段接缝裁剪的图像重定向方法。该方法将接缝裁剪方法与 Pritch Y.[24]等人提出的基于位移图的图像重定向方法相结合用于图像重定向。Zhang J. Y.和 Kuo C. C. J.[105]等人将变形（warping）技术与纹理合成技术相结合用于图像重定向。

2.10　本章小结

本章对图像重定向方法进行了概述，共介绍了六类不同类型的方法，包括基于接缝裁剪的方法、基于变形的方法、基于内容剪切的方法、基于补丁块的方法、基于分割的方法和基于多操作数的方法。针对每一类方法，本章介绍了它们的基本理论、主要优缺点以及现有的改进方法。图像重定向方法按照其工作原理，可以大致分为离散型方法和连续型方法，本章着重讨论了离散型方法的典型代表方法——接缝裁剪算法以及连续型方法的代表方法——均匀缩放的方法。

第3章 基于最优化双向裁剪的图像重定向方法

3.1 引言

在这一章中，我们将提出一种基于最优化双向裁剪的多操作数图像重定向方法，该方法可以将图像中的变形隐藏在用户不太容易觉察的图像区域中，以便较好地保护图像中的人们所关注的重要区域，并借此更好地保持图像的全局结构，从而使生成的重定向结果图像可以更加让用户满意。

为了避免在人们感兴趣的区域内产生变形，首先应使用本章提出的基于多因子线性组合的能量方程计算出图像的重要度图，然后将图像重定向问题转换为一个图像信息损失最小化的二次规划问题（quadratic programming problem）。通过求解这个最小化问题获得最优的双向裁剪方案，然后组合均匀放缩方法获得最终的重定向图像。与以往的多操作数算法采用设定阈值来决定操作数之间的切换点不同的是，本书的方法是通过一个优化问题自适应地寻找切换点，而且还为用户提供了可选择的交互机制来控制切换点。综合以上因素，本书提出的图像重定向方法在解决图像缩小（downsizing）重定向问题以及图像缩小（enlarging）重定向问题时，均可以实现图像中重要信息的保留以及重要结构的保持，从而使生成的重定向结果获得较好的全局视觉效果。图 3-1 给出了该方法的一个实例。图 3-1（a）为宽高比 3：2 的原始图像，目标屏幕的宽高比为 3：4，通过算法的最优化求解可知首先需要在原图像中删除 85 条具有当前最小能量的竖直接缝，得到一幅过渡图像，如图 3-1（d）所示，然后再在该图像中插入66 条具有当前最小能量的水平接缝，从而获得一幅宽高比与目标屏幕近似的图像，最后再使用均匀放缩方法生成最终的目标图像，如图 3-1（e）所示。

图 3-1 本章提出的图像重定向方法实例

(a)原始图像；(b)重要度图；(c) 需首先删除的 85 条竖直接缝；(d) 需复制的 66 条水平接缝；(e)结果图像

注 使用本章提出的图像重定向方法将宽高比为 3∶2 的原始图像(a)重定向为宽高比 3∶4 的结果为(e)。为了重定向到目标尺寸，需要首先删除 85 条具有最小能量的竖直接缝，然后再复制 66 条水平接缝，这些接缝的位置分别如(c)(d)所示。(b)展示的是本章提出的基于多因子线性组合的重要度图的计算结果。

在接下来的 3.2 节中将简要概述本章提出的基于最优化双向裁剪的多操作数的图像重定向算法，然后在 3.3 节介绍本书提出的基于多因子线性组合的重要度图以及其求解方法，在3.4节介绍本书提出的基于最优化的双向裁剪算法，在 3.5 节介绍本书提出的用户可交互的多操作数切换策略，在 3.6 节给出本章算法的实验结果，并将与当前比较经典的几种重定向算法结果作比较，最后在 3.7 节给出本章的小结。

3.2 算法概述

本章提出的算法以接缝裁剪技术为基础，首先计算出图像的重要度图，然后根据图像中像素的重要度在图像的水平方向和竖直方向上分别选择最少数目的具有当前最小能量的接缝进行删除或者插入，从而将图像重定向为具有目标宽高比的近似比尺寸的过渡图像，之后再使用均匀缩放方法将该过渡图像缩放为目标尺寸。

为了有效地保护好图像中人们感兴趣的区域，重要度图在重定向过程中会起到相当重要的作用，为此我们提出了一种基于多因子组合的重要度图计算方法，该方法可以较为准确地突出图像中的重要区域。由于接缝裁剪技术的基本原理是对图像中不太重要的像素进行删除，而删除的方式是以接缝为单位的，这样势必会导致图像中信息的丢失。为了能够最大限度地保护图像信息，我们提出了基于最优化的双向裁剪策略，可以在图像的水平方向和竖直方向上分别选择最少数目的重要度最小的接缝进行操作。为了进一步减少图像信息的丢失，保护图像内容的全局视觉效果，允许用户根据自己的喜好交互地控制接缝裁剪算法与均匀放缩算法的切换点。

3.3 基于多因子线性组合的重要度图

为了能够较为准确地检测并突出图像中人们最感兴趣的重要区域，同时考虑了图像的低层次信息（比如边缘方向、颜色和强度等）以及图像的高层次语义信息（比如人脸、皮肤等）。因此，在求解重要度图的能量方程中融合了多种特征因子，包括最大值梯度图、Canny 边缘检测图、带有上下文的特征显著度图以及皮肤检测图。

3.3.1　最大值梯度图

设图像 I 中任意一点的坐标为 (x, y)，则图像中每一个像素点处的梯度值计算公式为式（2-1）。因为计算机里的数字图像是离散的，计算其像素的梯度模时要用差分代替微分，因此实际上常用梯度模算子计算像素的梯度模。本书采用了一种性能较好的梯度模算子——索贝尔算子（sobel operator）来计算图像在 R（红色）、G（绿色）、B（蓝色）三个通道中的梯度模。索贝尔算子作为一种 3×3 矩阵的离散差分算子，有横向 x 算子和纵向 y 算子之分，如图 3-2 所示，分别将其与图像进行平面卷积，即可获得每个像素处在图像灰度图中水平方向和竖直方向上对应的梯度近似值，然后求二者的和，即可得到图像灰度图中每个像素处的梯度近似值。

1	2	1
	像素	
-1	-2	-1

1		–1
2	像素	–2
1		–1

图 3-2　索贝尔算子

然而，对一幅彩色图像来说，需要使用索贝尔算子分别计算彩色图像中三个 R、G、B 分量所对应灰度图的梯度矩阵。文献[20]中的方法选择对所得的三个梯度矩阵相加并取其平均值来作为图像的重要度矩阵，而我们在每个像素处取其在对应 R、G、B 通道中的三个梯度值中最大者作为该像素处的梯度值。意为对于图像中任意一像素，设其位置为 (i, j)，如果在该像素处其对应的 R、G、B 三个通道灰度图中的梯度值分别为 $e_{\mathrm{R}}(i, j)$、$e_{\mathrm{G}}(i, j)$、$e_{\mathrm{B}}(i, j)$，则该像素处的梯度值可定义为：

$$e(i,j)=\max[e_{\mathrm{R}}(i,j),e_{\mathrm{G}}(i,j),e_{\mathrm{B}}(i,j)] \tag{3-1}$$

即可得到图像的最大梯度值矩阵，该矩阵以图像的方式显示即为最大值梯度图。相较于文献[20]中的方法中的梯度图，最大值梯度图可以进一步突出图像中物体边缘处的像素，如图 3-3 所示。其中图 3-3(c)展示的就是最大值梯度图与文献[20]中的方法中的梯度图之差所对应的图像，由此可以看出最大值梯度图对于图像中背景建筑物以及新娘手中花束等很多位置的像素的突出效果更好。

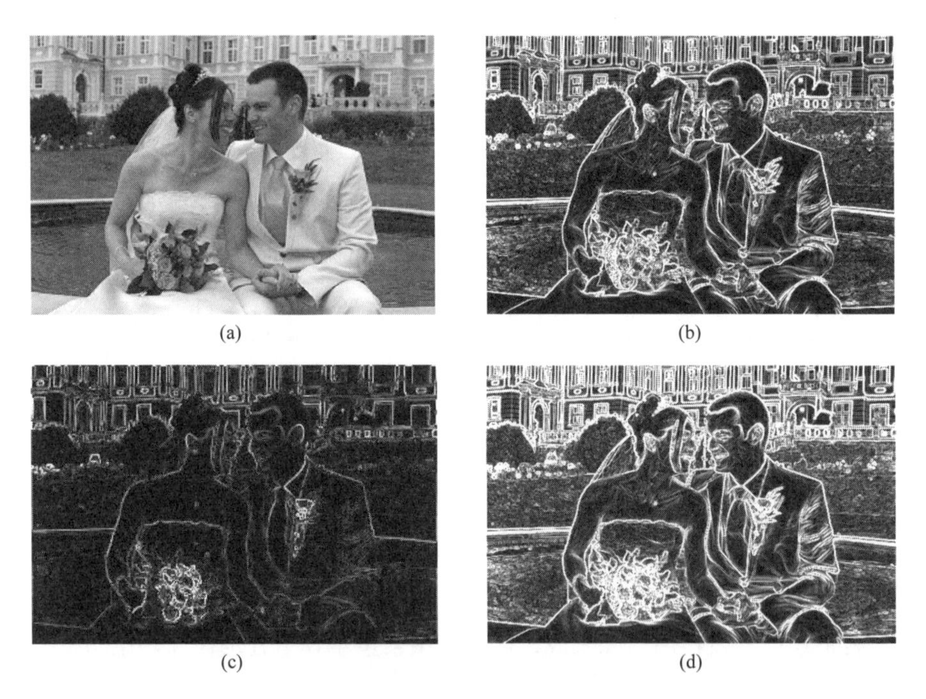

(a) (b) (c) (d)

图 3-3 最大值梯度图与文献 [20]方法中梯度图的比较

(a)原始图像；(b)梯度图；(c)梯度差图；(d)最大值梯度图

然而，根据梯度图的计算方法我们可知，梯度图只能突出物体的边缘信息，而对于重要物体内部比较平滑的区域，则因为计算出的梯度值较小而被误认为是不重要的区域。如果以梯度图为依据进行接缝裁剪操作就很难避免接缝穿过图像中的重要物体，如图3-4（b）所示，因而导致重定向结果图像的严重变形。使用本书的最大值梯度图进行接缝裁剪生成的结果图像［见图 3-4（d）］虽然对于图 3-4（b）有一定的改善（参看图中黑色框线所示），但是依然不能显示图像中平滑区域的重要物体，比如新娘的双臂以及夫妇二人的面部。究其原因，是因为梯度图只考虑了图像重要区域的像素灰度值相较于背景区域的像素灰度值的变化，而没有考虑图像内容对于用户的语义信息。

图 3-4　利用最大值梯度图与文献[20]中梯度图进行接缝裁剪操作实例

注　依据最大值梯度图与文献[20]中的方法梯度图进行接缝裁剪操作，将宽高比为 3∶2 的原始图像重定向为 3∶4 的宽高比的结果分别为(b)和(d)。生成图像(b)需要删除的竖直接缝如图(a)所示，生成图像(d)需要删除的竖直接缝如图(c)所示。

那么，如何保护这些梯度值较小的重要区域呢？又如何保护人眼所关注的重要区域呢？许多专家和学者试图寻找特征显著性映射用于预测人们的注意力将集中于图像的哪些内容[2~9]，并建立了各种各样的人类注意力模型来描述这种映射。本书的方法也将这种注意力模型考虑在图像的重要度图之内。

3.3.2 带有上下文信息的特征显著度图

类似于文献[27,28,30,32,33]中的方法，本书在图像的重要度图计算过程中，也引入了特征显著区域检测器。考虑到图像重定向过程中需要保护的不仅仅是特征显著的物体本身，也要保护和其密切相关的上下文内容，从而可以更好地保持图像中全局的语义信息，因此我们选择了 Goferman S.[8]等人提出的带有上下文信息的显著性区域检测器（context-aware saliency detector）。该方法是根据心理学相关论证所支持的人类视觉特性的四个基本原则提出的，这四个基本原则如下所述。

（1）需要考虑局部的低层次信息，比如对比度和色彩等因素。

（2）考虑全局信息。

（3）考虑视觉组织规则。

（4）考虑高层次因素，比如对于特征显著物体位置和物体的检测。

因此，该方法受到心理学依据的启发，既考虑到图像的低层次信息，也考虑到其高层次信息；既考虑到图像的局部信息又考虑到其全局信息。

该方法首先将图像的特征显著度定义为图像中一个像素与其他像素差异值的加权和，其中为了避免和图像每个像素都计算加权差异值，图像中的像素块只与和它最相似的像素块计算加权差异值，权重定义为两个像素块中心距离长度的反比。然后通过设置一定的阈值，获得图像的特征显著区域点，最后通过相似性度量，在特征显著度中增加图像的特征显著区域，从而引入图像的上下文信息。因此，该检测方法不仅可以检测出图像中的特征显著物体，而且还可以检测出能够描述图像意义特征显著物体周围的信息。这种特性使该方法比其他特征显著度检测方法[2~9]更加适合运用于图像重定向问题。在图 3-5 中我们给出了带有上下文信息的特征显著度检测方法与其他五种经典的特征显著度检测方法的比较效果，从图中可以看出该方法生成的重要度图可以较好地保护图像中的全局语义信息。

图 3-5　六种不同特征显著度检测方法的比较示例

(a)输入图像；(b)Itti L.方法[3]的特征显著度图；(c)特征显著度图(b)的实验结果；(d)J. Harel 方法[5]的特征显著度图；(e)特征显著度(d)的实验结果；(f)R. Achanta 方法[6]的特征显著度图；(g)特征显著度图(f)的实验结果；(h) Cheng M.方法[7]的特征显著度图；(i)特征显著度图(h)的实验结果；(j)Jiang B.方法[9]的特征显著度图；(k)特征显著度图(j)的实验结果；(l)Goferman S.方法[8] 生成的特征显著度图；(m)特征显著度图(l)的实验结果

注　(b)、(d)、(f)、(h)、(j)和(l)分别为采用 Itti L.方法[3]、J. Harel 方法[5]、R. Achanta 方法[6]、Cheng M.方法[7]、Jiang B.方法[9]、Goferman S.方法[8]生成的特征显著度图；(c)、(e)、(g)、(i)、(k)和(m)则分别为依次使用这六种不同的特征显著度图作为重要度图并采用接缝裁剪方法将原输入图像重定向为高度不变，宽度减为原始宽度80%的重定向结果。

Goferman S.将该特征显著度检测运用于图像重定向，并采用接缝裁剪方法进行操作，其重定向结果较基于梯度图的接缝裁剪方法有所改善，但是有很多情况下，重定向结果也不尽如人意。如图 3-6（b）所示，图中新郎新娘的体型都有了不同程度的变形，原因是单独使用该特征显著度图仍然不能完全突出图像中人们感兴趣的区域，如图 3-6（a）所示。考虑到这一点，我们将基于上下文的特征显著度图与本书的最大值梯度图线性组合在一起，用于接缝裁剪方法的图像重定向。为了可以将二者线性组合在一起，我们首先应将二者的数据控制在同一个数量级上，在求图像最大值梯度图的时候先将图像中每一点的色彩值统一除以 255，从而使图像在 R、G、B 三个通道中的色彩值均在 0 和 1 之间，而在计算图像的特征显著度图的时候则使用原图像。因此，可将重要度图的能量方程定义为：

$$e[I(x,y)] = \alpha \cdot \left(\left| \frac{\partial}{\partial x} I(x,y) \right| + \left| \frac{\partial}{\partial y} I(x,y) \right| \right) + \beta \cdot s(x,y) \qquad (3\text{-}2)$$

其中 $s(x,y)$ 是坐标为 (x,y) 像素的特征显著度且 $I(x,y) \in [0,1]$，而经过多次试验确定此处的 $\alpha = 1$ 且 $\beta = 2$。使用该能量方程计算出的重要度图如图 3-6（c）所示。依据此重要度图将宽高比为 3∶2 的原始图像重定向为 3∶4 的宽高比，其结果如图 3-6（d）所示。由此可以看出，式（3-2）计算出的重要度图较文献[20]中的梯度图与带有上下文的特征显著度图都有了很大的改观，图中人们所关注的区域检测出更多，重定向后的图像也稍好一些了。遗憾的是，该重要度图仍然不能检测出新娘和新郎的全部信息，而这两个人物的信息显然是图中人们最关注的内容，因此该重要度图依然需要改进。

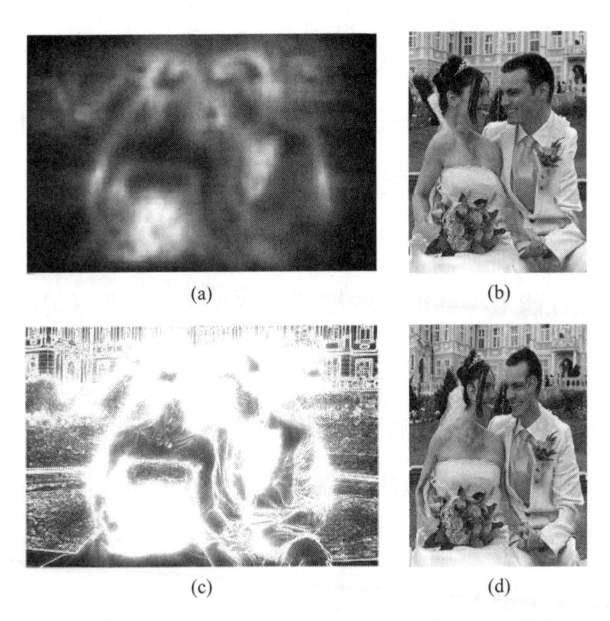

图 3-6　带有上下文的特征显著度图与式（3-2）重要度图的实验比较

(a)带有上下文的特征显著度图；(b)特征显著度图(a)的实验结果；
(c)式（3-2）计算出的重要度图；(d)重要度图(c)的实验结果

注　依据带有上下文的特征显著度图(a)与式（3-2）计算出的重要度图(c)进行接缝裁剪操作，将宽高比为 3：2 的原始图像重定向为 3：4 的宽高比的结果分别为(b)和(d)。

3.3.3　皮肤检测图

正如 3.3.2 节中所述，增加了特征显著度图之后，重要度图仍然不能突出图像中所有人们所关注的重要信息，因此重定向结果仍然不能令人满意，尤其对于图像中包含人物的图像。根据 Niu Y. Z.[106]等人的研究结果我们可知，图像变形的敏感度实际上是和图像的内容有关的，其中人们对于包含人物的图像的变形最敏感。显然，在这类图像中，人脸信息以及人的形体信息都是人们关注的重点，如果畸变发生在这些区域，则重定向结果图像就会看起来很不舒服，难以让人接受。为此，许多研究者考虑在重要度图中加入人脸检测器[30, 33]，从而可以将人脸标记为重要区域以便在重定向过程中能够保护该区域。

人们通常是使用 Adaboost 人脸检测算法[10, 11]来检测图像中人的面部位置所在，该算法可以用于将多个机器学习的方法组合来提高性能。假设有几个功能简单但是性能一般的弱分类器，在经过 AdaBoost 处理之后就能够得到一个较强的分类器，这个较强的分类器可以融合各个弱分类器的优点，使最后的组合分类器在性能上得到很大的提升。该算法是机器学习中比较重要的特征分类算法，已被广泛地应用于图像检索和人脸识别中。使用该算法检测到人脸后生成的人脸检测图为一幅二值图像，人脸所在区域会用一个正方形区域来表示，而该区域的像素处会被赋值为 1，而非人脸所在区域则会被赋值为 0，如图 3-7（b）所示。遗憾的是，该算法只对距离镜头较近的正面人脸比较敏感，对距离镜头较远的人脸或者人脸的侧影则不太敏感，以至于会漏检，如图 3-7（b）中所示的最左侧女孩的面部未被检测出而且新婚夫妇两人的面部仅检测出了一部分。

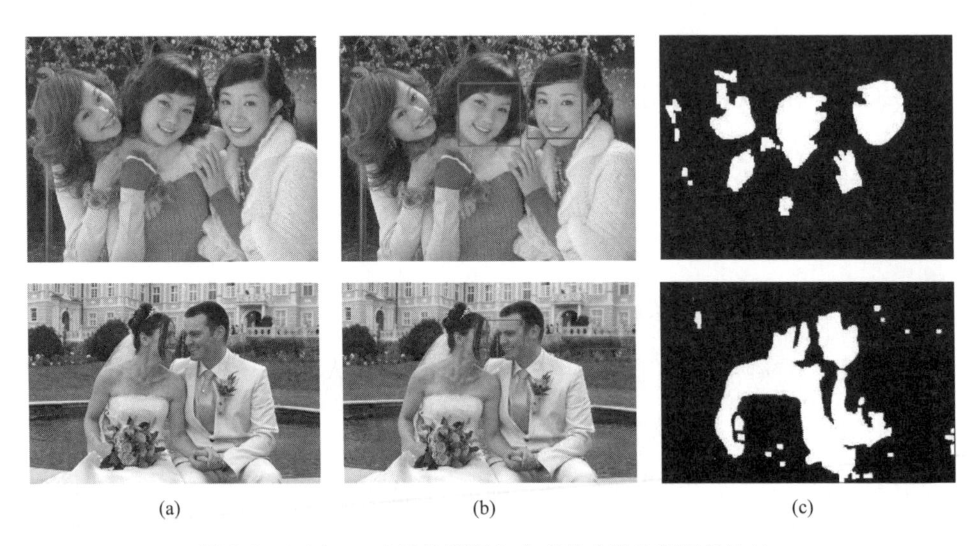

(a) (b) (c)

图 3-7 Adaboost 人脸检测图与本书的皮肤检测图的比较

(a)原始图像；(b)Adaboost 人脸检测图；(c)皮肤检测图

考虑到 Adaboost 人脸检测算法的这种弊端，也考虑到除了人的面部信息之外，人的身体的其他信息也同样重要，因此本书在重要度图中又加入了皮肤检测器。皮肤检测是基于对皮肤颜色的检测来进行的，因为肤色是人的脸部以及手部等区别于其他区域的重要特征，而且又对姿势、表情等变化不敏感，因此可以有效地消除图像中复杂信息的干扰，用于检测复杂场景中人的脸部、手部等重要信息。

如果考虑用颜色信息来检测皮肤，首先要考虑的是不同人种的肤色差异问题。Yang J.[107]等人的研究结果表明，尽管不同种族、不同年龄、不同光照条件下，人的皮肤颜色会有很大差异，但是如果去掉亮度的影响，各种肤色在色度上的差别并不大。因此，根据 Terrillon J. C.[108]等人的研究，为了减少肤色受照明强度的影响，通常应将图像从 RGB 颜色空间转换到可以将亮度和色度分离的 $YCbCr$ 空间对肤色进行聚类，其中 Y 代表亮度分量，Cb 代表蓝色色度分量，而 Cr 代表红色色度分量。Chai D.[109]对 $YCbCr$ 空间的 $CbCr$ 平面进行统计分析，发现肤色样本数据的 Cb 和 Cr 分量在该平面上都呈现非常好的聚类效果，可以最终集中在一个矩形区域内，因而建立了一个简单的肤色模型，即 $Cb \in [77,127]$ 且 $Cr \in [133,173]$ 模型。

本书从互联网中选出 100 幅肤色各不相同的带有人脸以及其他皮肤信息的图像，并从中裁剪出人的皮肤区域的一小部分作为肤色样本，然后将其在 $YCbCr$ 空间中对应的 Cb 和 Cr 值进行统计分析，得出肤色模型为 $Cb \in [95,127]$ 且 $Cr \in [150,210]$ 模型。也就是说，如果像素的 Cb 和 Cr 值落在该矩形区域，则皆可被认为是肤色。之后通过对这些像素做开闭运算滤除噪声，再通过形态学方法重构即可得出最终的肤色二值图像。从图 3-7（c）中可以看出，该肤色模型可以较好地检测出人的皮肤区域，包括人的面部以及其他皮肤区域，而且和

Adaboost 人脸检测算法比较而言，检测到的人脸位置也更为准确。

3.3.4 边缘检测图

由 3.3.1 节可知，本书的最大值梯度图已经可以很好地突出图像中物体的边缘，但是由于边缘信息是图像中相对比较重要的显著特征，因此，为了进一步突出图像中的边缘信息，以求得到更高质量的重定向结果，本书在重要度图计算的过程中也考虑到增加边缘检测。因为人眼注意力在关注图像中的人脸与直线等重要内容是否走样之后，潜意识中会着重观察图像中物体等内容的边缘是否完好无损。

边缘检测可以剔除图像中非边界区域内容的有关信息，将这些区域内的像素以灰度值 0 标识，只保留边界信息，并将这些信息以高亮度（即灰度值 255）标识，进而产生一幅二值图像。边缘区域内容包含了图像中的大量结构信息，因此边缘信息可以很好地反映图像的结构属性。在本书中，我们选择使用迄今为止最为优秀的 Canny 边缘检测器，该监测器采用单一的边缘点响应，而且错检率较低。从图 3-8 中我们可以看出，Canny 边缘检测器可以较好地检测出图像中的重要边缘信息，在梯度图中未能检测出的部位，比如第一行图片中玫瑰花的花瓣边缘，Canny 边缘检测器都能检测出。本书的最大值梯度图已经可以很好地检测出很多边界信息，但是在增加了 Canny 边缘检测器后，边缘部位会进一步得到强调，这样有利于在重定向过程中更加有效地保护好边缘部位。在图 3-8（e）中，我们将 Canny 边缘检测器和最大值梯度图以 1 : 1 的比例线性组合在一起，和梯度图以及最大值梯度图进行效果比较。

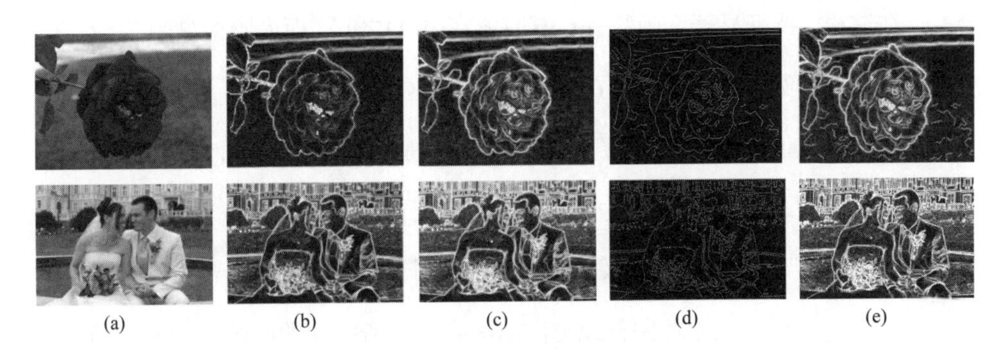

图 3-8　Canny 边缘检测图与梯度图实例

(a)原始图像；(b)梯度图；(c)最大值梯度图；(d)边缘图；(e)最大值梯度+边缘图

3.3.5　基于多因子线性组合的能量方程

通过 3.3.1~3.3.4 的分析可以看到，最大值梯度图、考虑上下文的特征显著度图、皮肤检测图以及 Canny 边缘检测图如果单独用于图像重定向，都不能获得较为理想的重定向效果，因此我们可以选择将四种因素线性组合在一起，用于检测图像中人们感兴趣的区域，然后计算图像的重要度图。计算这种基于多因子线性组合的重要度图的能量方程被定义为：

$$e_{\text{opt}}[I(x,y)]=\alpha\cdot\left(\left|\frac{\partial}{\partial x}I(x,y)\right|+\left|\frac{\partial}{\partial y}I(x,y)\right|\right)+\beta\cdot s(x,y)+\gamma\cdot f(x,y)+\rho\cdot C(x,y) \qquad (3\text{-}3)$$

式中　α——最大值梯度图的权重；

β——特征显著度图的权重；

γ——皮肤检测图的权重；

ρ——边缘检测图的权重。

各个权重的值由经验得到，经过多次试验，将各个权重取值为 $\alpha=\gamma=\rho=1,\beta=2$ 。

在这里，特征显著度函数$s(x,y)$取值在(0~1)之间，而人脸检测函数$f(x,y)$为一个二值函数，在当像素点(x,y)位于皮肤区域之内时，$f(x,y)$取值为 1，否则，$f(x,y)$取值为 0；边缘检测函数$C(x,y)$也是一个二值函数，当像素点(x,y)位于边缘上时，$C(x,y)$取值为 1，否则，$C(x,y)$取值为 0。

在图 3-9（a）中展示了能量方程式（3-3）计算的重要度图，从中可以看出，该重要度图已经可以比较完整地突出图像中人们所关注的区域，在删除图像一半宽度的接缝时，大部分接缝会避开图像的人物部分，使重定向结果［如图 3-9（c）所示］优于前面的图 3-4（b）和（d）以及如图 3-6（b）和（d）所示的结果。但是该重定向结果显然仍然不太令人满意，因为新娘的左手臂以及新郎的右手臂都有了明显的视觉畸变。究其原因，是因为在改变图像宽度的时候，仅仅将图像竖直方向上的接缝删除，使图像在竖直方向上损失的信息过多，导致无法保护好图像中的重要区域。为了解决这个问题，在 3.4 节中，我们将提出一种基于最优化的双向裁剪策略，以求对图像的水平方向和竖直方向同时操作，从而使图像中的信息损失最小化，以提高重定向结果图像的视觉质量。

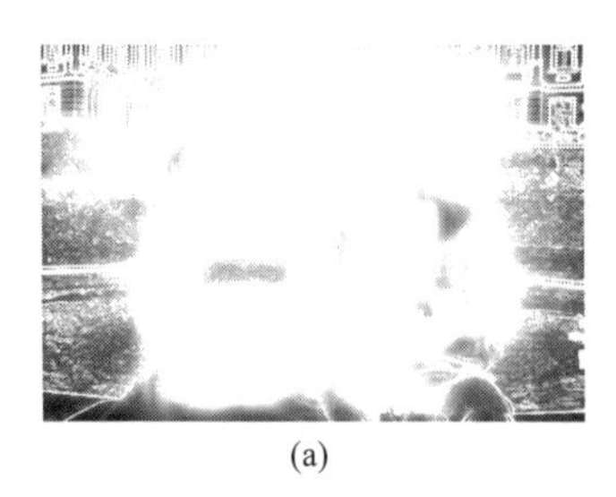
(a)

(b)

(c)

图 3-9　本书的重要度图应用实例

(a)本书的重要度图；(b)欲删除的竖直接缝；(c)结果图

注　依据能量方程式（3-3）计算出的重要度图(a)进行接缝裁剪操作，将宽高比为 3：2 的原始图像重定向为 3：4 的宽高比的结果为(c)。

基于多因子线性组合的重要度图，在具有人脸等内容的图像中，既可以考虑人脸信息这种高层次图像信息，又可以考虑边缘检测、特征显著度检测和梯度模型这类低层次信息，这样的层次划分是符合人类视觉注意力规律的，因为人眼在观察图像时会在关注到特征显著区域和边缘之前，首先注意图像中的人脸是否发生扭曲变形的现象。

从图 3-1（b）以及图 3-9（a）中可以看出，本书提出的基于多因子线性组合重要度图可以较为准确地检测出图像中人们感兴趣的区域。图 3-10 中展示的是基于多因子线性组合的重要度图的另外一些示例。

图 3-10　本书提出的基于多因子线性组合的重要度图与梯度图的比较

(a)原始图像；(b)梯度图；(c)本书重要度图

3.4 最优化双向检索策略

类似于 Domingues D.[33]等人的方法，我们在处理图像的重定向问题时，考虑的是图像宽高比的改变而不是尺寸的改变。

假定原始图像尺寸为 $m \times n$ ，需要将其重定向为目标尺寸 $m' \times n'$ ，则我们首先应考虑比较原始宽高比与目标宽高比的大小。如果目标宽高比小于原始图像宽高比,则需要删除一定数目的竖直接缝同时插入一定数目的水平接缝;反之,则需要删除一定数目的水平接缝同时插入一定数目的竖直接缝。以目标宽高比小于原始图像宽高比的图像为例，如果 $m'/n' < m/n$ ，则对重定向过程以下式加以约束:

$$\frac{m'}{n'} = \frac{m - s_{\mathrm{v}}}{n + s_{\mathrm{h}}} \tag{3-4}$$

式中　s_{v} ——需要删除的竖直接缝的数目;

s_{h} ——需要插入的水平接缝的数目。

相反的情况下，我们定义约束为:

$$\frac{m'}{n'} = \frac{m + s_{\mathrm{v}}}{n - s_{\mathrm{h}}} \tag{3-5}$$

式中　s_{v} ——需要插入的竖直接缝的数目;

s_{h} ——需要删除的水平接缝的数目。

为了尽可能地保持图像中的重要结构以及保留图像中的重要信息，应寻找最少数目的水平接缝和竖直接缝进行操作，并使这些接缝的总能量和最小。为此可以将双向裁剪问题转化为一个最优化决策问题。

首先我们需要知道哪些裁剪接缝具有较小的能量，为此首先应将所有可能的竖直（水平）接缝按照降序排列，然后通过逐条删除具有当前最小能量的竖直（水平）接缝并记录每删除一条竖直（水平）接缝所累积的总能量来寻找竖直（水平）接缝的能量损失规律。经过对多幅图片进行试验，我们发现逐条删除具有当前最小能量竖直（水平）接缝的时候，竖直（水平）接缝的累积能量随删除接缝数目的增多呈现出单调递增的趋势。经过拟合，这个规律可以用一条平滑的二次曲线来描述。以图 3-11（a）图片为例，如果删除图像中的 350 条竖直接缝，结果图像如图 3-11（c）所示。

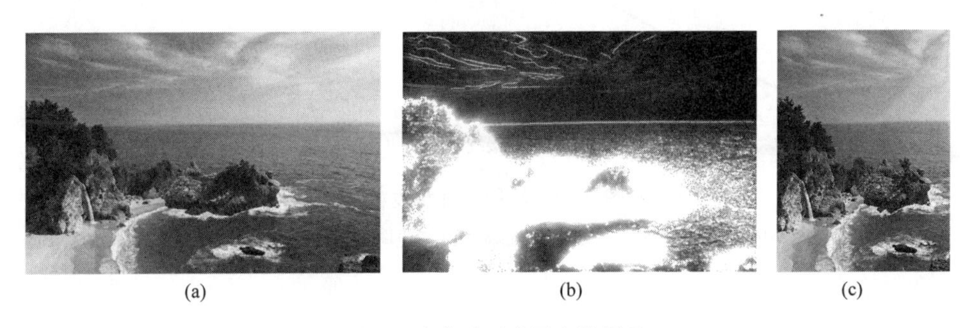

(a)　(b)　(c)

图 3-11　本章重要度图实验例子

(a)原始图像；(b)重要度图；(c)结果图

注　将原始图像(a)删除 350 条竖直接缝后重定向为高度不变宽度减半的图像结果为(c)，图(b)为基于多因子线性组合的重要度图。

则逐条删除这 350 条竖直接缝的累积能量拟合出的二次函数为：

$$y = 0.3878x^2 + 324.0303x - 504.8932 \tag{3-6}$$

式中　x——删除掉的接缝的数量；

y——累积能量。

式（3-6）拟合曲线如图 3-12 所示。

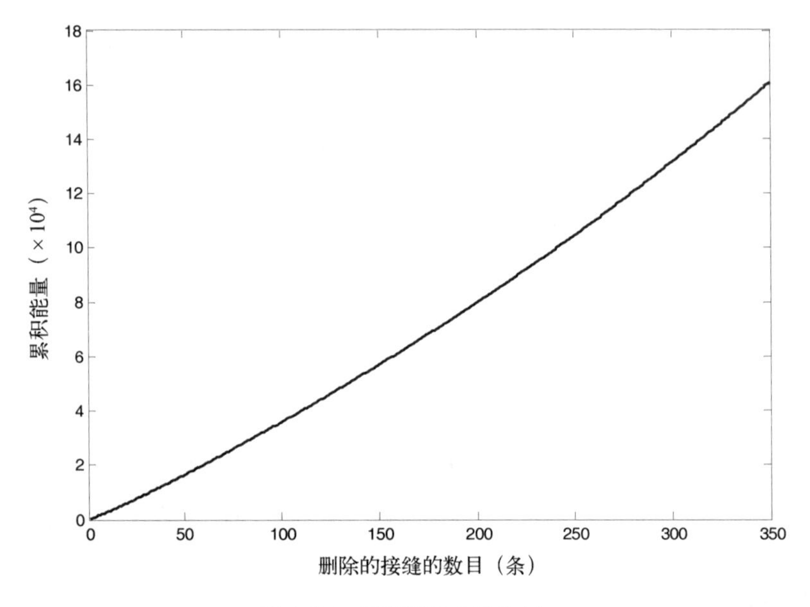

图 3-12 累积能量曲线实例

注 对于原始图像 3-10(a)在逐次删除 350 条竖直接缝将图像重定向为高度不变宽度减半的图像(c)时的累积能量曲线。

根据这个规律，在对图像进行重定向操作之前，首先应拟合出该图像删除若干条具有当前最小能量竖直接缝时的累积能量函数，同时还要拟合出该图像删除若干条具有当前最小能量水平接缝时的累积能量函数。设图像在删除若干条具有当前最小能量竖直接缝的拟合函数为：

$$y_{\mathrm{v}} = a_1 x^2 + b_1 x + c_1 \tag{3-7}$$

图像在删除若干条具有当前最小能量水平接缝的拟合函数为：

$$y_{\mathrm{h}} = a_2 x^2 + b_2 x + c_2 \tag{3-8}$$

式中 a_1、a_2、b_1、b_2、c_1、c_2——常数系数。

然后，就可以将寻找最小数目具有当前最小能量竖直接缝和水平接缝的最优化问题归结为一个非线性二次规划问题，即需要寻求 s_{v} 和 s_{h} 的最优值使需要删除的这 s_{v} 条竖直接缝以及 s_{h} 条水平接缝总能量最小。依据上面对于图像中删除接缝的规律总结可以知道，这 s_v 条竖直接缝和 s_h 条水平接缝的总能量值为 $y_v(s_v)+y_h(s_h)$，因此定义目标函数为：

$$\min\{y_v(s_v)+y_h(s_h)\} \tag{3-9}$$

满足约束方程式（3-4）以及 $s_v \geqslant 0$，$s_h \geqslant 0$ 的要求。由于目标函数中的常数部分对于该优化问题的求解不会产生影响，因此可以将问题简化为一个非线性凸二次规划问题。其目标函数简化为：

$$\min\left\{\frac{1}{2}s^{\mathrm{T}}Hs+f^{\mathrm{T}}s\right\} \tag{3-10}$$

其中 $H=\begin{pmatrix}2a_1 & 0\\ 0 & 2a_2\end{pmatrix}$，$s=\begin{pmatrix}s_v\\ s_h\end{pmatrix}$，$f=\begin{pmatrix}b_1\\ b_2\end{pmatrix}$，满足约束方程式（3-4）以及 $s_v \geqslant 0$，$s_h \geqslant 0$ 的要求。通过求解这个问题，我们可以得到最优解 s_v 和 s_h。然后可以依据基于多因子线性组合的重要度图，删除图像中具有当前最小能量的 s_v 条竖直接缝，再插入具有当前最小能量的 s_h 条水平接缝，从而将图像重定向为宽高比近似于目标宽高比的图像。从图 3-1 可以看出，本书的最优化双向裁剪方法的重定向结果优于接缝裁剪[20]方法，而且从图 3-13 和图 3-14 中可以看出，本书最优化双向裁剪方法的重定向结果也优于间接接缝裁剪[27]和流裁剪[33]这两种双向裁剪方法。

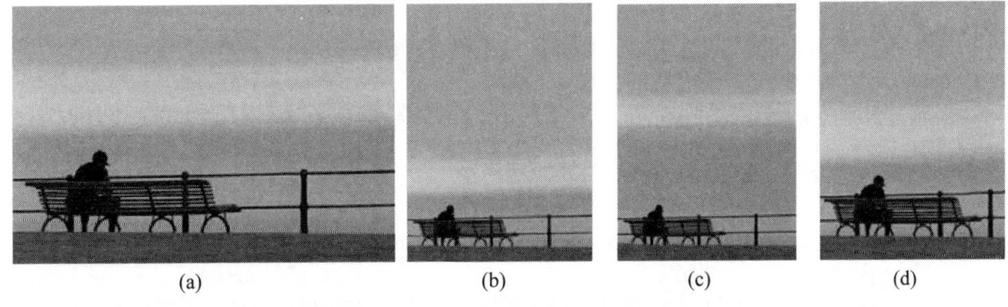

(a)　(b)　(c)　(d)

图 3-13　间接接缝裁剪[27]、流裁剪[33]与本书方法的实验比较 1

(a)原始图像；(b)间接接缝裁剪[27]实验结果；(c)流裁剪[33]实验结果；(d)本书结果

注　使用三种不同的双向裁剪方法将宽高比为 3∶2 的原始图像(a)重定向为 3∶4 的宽高比的结果比较。

(a) (b) (c) (d)

图 3-14 间接接缝裁剪[27]、流裁剪[33]与本书方法的实验比较 2

(a)原始图像；(b)间接接缝裁剪[27]实验结果；(c)流裁剪[33]实验结果；(d)本书结果

注 使用三种不同的双向裁剪方法将宽高比为 3∶2 的原始图像(a)重定向为 9∶10 的宽高比的结果比较。

3.5 可交互的操作数切换策略

虽然到目前为止我们一直在努力避免图像信息的减少，但是接缝裁剪技术的重定向过程依然是一个损失信息的过程。从保护图像信息内容的角度来说，均匀缩放方法虽然会使人们所关注的区域产生挤压或者拉伸变形，但是却能完整地保存图像中的信息和内容。因此，在本书中，我们将最优化双向裁剪算法与均匀缩放方法结合起来实现最终的图像重定向。

当使用 3.4 节中的最优化双向裁剪方法将图像重定向为宽高比近似于目标宽高比的过渡图像后，可以使用均匀放缩方法直接将过渡图像缩放为目标尺寸。这样在第一个步骤中，我们会丢弃不太重要的图像信息，而在第二步骤中，由于在这里的图像已经是目标宽高比，因此在均匀缩放过程中可以很好地保持图像中剩余区域的形状。

然而，这种结果可能并不能满足所以用户的需求，也就是说，有的用户可能更喜欢重定向结果中包含更多的原图像信息而宁可图像内容被挤压或者被拉伸；而其他用户可能会喜欢重定向结果中让人感兴趣的部分形状保持得更好一些而不关心不重要内容的信息丢失问题。为此我们进一步改进了双向裁剪的优化过程，在其中引入了参数 λ，使用户可以根据自己的喜好设置重定向过程。因此，我们将最优化问题（3-10）的约束方程式（3-4）在 $m'/n' < m/n$ 的条件下更改为：

$$\lambda\left(\frac{m}{n}-\frac{m'}{n'}\right)=\frac{m-s_{\mathrm{v}}}{n+s_{\mathrm{h}}}-\frac{m'}{n'} \tag{3-11}$$

在相反的条件下，则更改为：

$$\lambda\left(\frac{m'}{n'}-\frac{m}{n}\right)=\frac{m'}{n'}-\frac{m-s_{\mathrm{v}}}{n+s_{\mathrm{h}}} \tag{3-12}$$

其中参数 λ 是介于 0 到 1 之间的任意实数。参数 λ 的取值越接近于 0，图像在重定向过程中基于最优化双向裁剪的接缝裁剪操作就会越多一些，也就意味着重定向结果中让人感兴趣的部分，其形状保持得会更好一些，但是其中不重要区域的信息也会丢失更多一些。因此，λ 在取值为 1 时，意味着仅仅对图像进行均匀缩放操作就不会失去图像中的任何信息。

根据 Niu Y. Z.[106]等人的研究，若图像在单方向上拉伸度超过 20%的话，就容易被发觉。因此，一般情况下可以取 λ 的值为 0.2。同时，用户也可以根据自己的喜好改变 λ 的取值来设置重定向过程。

图 3-15 中展示的是使用本书提出的基于最优化双向裁剪的多操作数图像重定向算法将尺寸为 500×375 宽高比为 4∶3 的原始图像重定向为尺寸 300×375 宽高比为 4∶5 的图像。不同效果的图像对应于不同的 λ 的取值，如图 3-15（b）~（e）所示，分别对应 $\lambda=0$、$\lambda=0.2$、$\lambda=0.5$ 以及 $\lambda=1$ 的重定向结果。可以看出，λ 的取值越接近于 0，基于优化的接缝裁剪方法的操作更多一些，因此图像中人们感兴趣的区域，比如图中的水杯和小狗的形状会保持

得更好一些；而λ的取值越接近于 1，均匀缩放的操作则更多一些，因此图像被拉伸得就越厉害，图中的水杯和小狗的形状变形越严重，但是图像信息却保持得更完整。

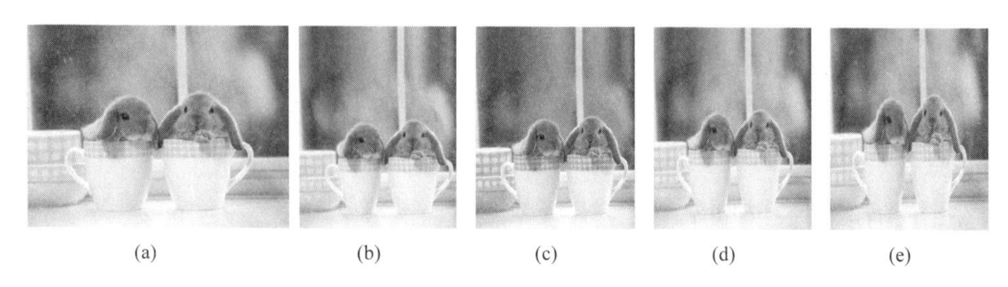

(a) (b) (c) (d) (e)

图 3-15 λ取不同值时，将宽高比为 4∶3 的原始图像(a)重定向为宽高比 4∶5 的结果比较

(a)原始图像；(b) $\lambda=0$；(c) $\lambda=0.2$；(d) $\lambda=0.5$；(e) $\lambda=1$

3.6 实验结果

首先通过实验验证本书提出的基于最优化双向裁剪的多操作数图像重定向算法能够有效地将图像重定向到任意宽高比的屏幕，然后将本书提出的基于最优化双向裁剪的多操作数图像重定向算法与多种经典的重定向方法进行比较，最后我们将通过用户调查评估的方式检验七种不同的重定向方法的实验结果的满意度，用户调查评估结果显示使用本书提出的方法生成的重定向结果得到了最多用户的肯定。

首先，在图 3-16 中将对两幅图像使用基于最优化双向裁剪的多操作数图像重定向算法同时进行宽高比放大和缩小两种方式的重定向处理。

(a)　(b)　(c)

图 3-16　基于最优化双向裁剪的多操作数图像重定向算法实例 1

(a) 放大至 16：9；(b) 原始图像；(c) 缩小至 8：9

注　对图像进行放大重定向及缩小重定向操作示例。图(b)为原始图像宽高比为 4：3，图(a)为将原始图像放大重定向为宽高比 16：9 的结果，图(c)为将原始图像缩小重定向到宽高比 8：9 的结果。

尺寸为 400 × 300 宽高比为 4：3 的原始图像被放大重定向为 640 × 360 宽高比为 16：9 的图像，如图 3-16（a）所示，缩小重定向为 240 × 270 宽高比为 8：9 的图像，如图 3-16（c）所示。可以看出，第一幅图像中的荷花以及第二幅图像中的骏马，其形状和特征都保持得较好，无论对于图像放大重定向还是缩小重定向，本书提出的基于最优化双向裁剪的多操作数图像重定向算法均能保持图像内容中用户关注的重要区域的可读性，视觉效果较好。

图 3-17 中展示的是使用本书所提出的基于最优化双向裁剪的多操作数图像重定向算法将图像由原始宽高比 4：3 放大重定向到 16：9 的更多图像。

(a) (b)

图 3-17 基于最优化双向裁剪的多操作数图像重定向算法实例 2

(a)4：3 原始图像；(b)放大至 16：9

注 将宽高比为 4：3 的原始图像(a)使用本章方法放大重定向为宽高比 16：9 的结果为(b)。

图 3-18 中展示的是使用本书图像重定向算法将图像由原始宽高比 4∶3 放大重定向为 20∶9 的例子。从图 3-16~图 3-18 可以看出本书所提出的基于最优化双向裁剪的多操作数图像重定向方法对于图像放大处理的有效性，而且重定向效果比较稳定。

图 3-19 中展示的是使用本书所提出的基于最优化双向裁剪的多操作数图像重定向算法将图像由原始宽高比 4∶3 缩小重定向为 2∶3 的例子，结合图 3-16 可以看出在将图像进行不同比例的缩小重定向时，本书的方法重定向效果仍然较好。

(a)　(b)

图 3-18　基于最优化双向裁剪的多操作数图像重定向算法实例 3

(a)4∶3 原始图像；(b)放大至 20∶9

注　将宽高比为 4∶3 的原始图像(a)使用本章方法放大重定向为宽高比 20∶9 的结果为(b)。

(a) (b)

图 3-19 基于最优化双向裁剪的多操作数图像重定向算法实例 4

(a)4：3 原始图像；(b)缩小至 2：3

注 将宽高比为 4：3 的原始图像(a)使用本章方法缩小重定向为宽高比 2：3 的结果为(b)。

从图 3-16~图 3-19 可以看出，本书所提出的基于最优化双向裁剪的多操作数图像重定向算法在处理将图像进行任意宽高比放大或者缩小重定向的问题时，都是较为有效的，重定向效果都是比较稳定的。在 3.6.1 我们会给出使用本章方法进行图像重定向的更多例子。

3.6.1　视觉效果比较

我们将基于最优化双向裁剪的多操作数图像重定向算法与连续型算法[18]、基于接缝裁剪的方法[20,33]以及基于多操作数的方法[91,96]进行了比较。图 3-13 和图 3-14 以及图 3-20~图 3-23 都展示了部分比较结果。在图 3-20~图 3-23 中，我们取参数 λ 的值为 0.5，分别与接缝裁剪方法（SC）[26]、Dong W. M. 等人的方法（SCS）[95]、Chen R.等人的方法（QP）[18]、快速多操作数方法（FMO）[100]进行了将图像进行多种宽高比变化的重定向结果的比较。

因为对于图像重定向问题而言，处理用户敏感内容较多的图片是一种挑战。本书提出的基于最优化双向裁剪的多操作数图像重定向方法，依据本书提出的基于多因子线性组合的重要度图可以较为准确地检测图像中人们感兴趣的区域，然后通过最优化双向裁剪可以避开图像中的重要区域，仅对相对不太重要的部分进行操作，最后又在合适的切换点运用均匀缩放方法，所以可以较为有效地保护图像中重要内容的信息，较好地避免了图像中重要内容以及全局视觉效果上的严重变形。因此，在和其他经典方法进行比较的实验中，我们选择了一些特征显著区域较多以及用户视觉敏感信息较多的图片，而且选择了多种宽高比和多种尺寸的图片。

在图 3-20 中我们将三幅尺寸和宽高比各不相同的图片都进行了高度不变宽度减为 75%的重定向操作。这三幅图片的尺寸分别为 615×410、500×400 和

1024×718，宽高比分别为 3∶2、5∶4 和 7∶5。从图中我们可以明显地看出，其他三种方法的重定向结果在图中黑色框线内的区域都出现了不同程度的变形，比如第一组图像中摩托车的车轮和车尾，第二组图像中排球运动员的右臂与旗子以及第三组图像中心形雕塑和楼房的形状。而使用本书提供的方法其结果相对而言对图像中重要内容以及人们感兴趣的区域保持得较好一些，没有明显的视觉畸变，而且全局视觉效果更好一些。

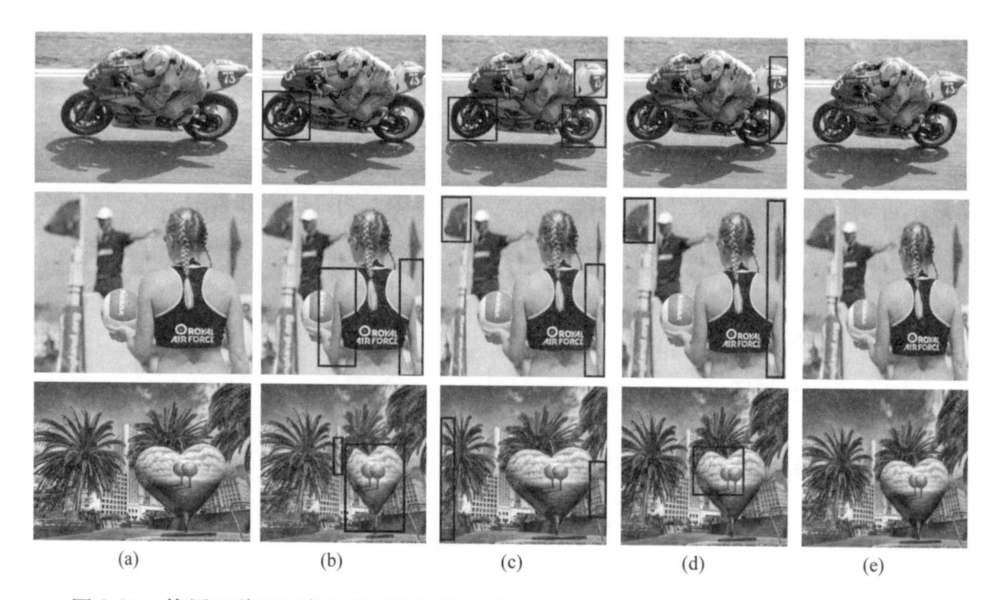

(a) (b) (c) (d) (e)

图 3-20　使用四种不同方法将原始图像重定向为高度不变宽度减为 75%的结果比较

(a)原始图像；(b)SC；(c)QP；(d)FMO；(e)本书方法

在图 3-21 中将三幅尺寸和宽高比各不相同的图片都进行了高度不变宽度减为 50%的重定向操作。这三幅图片的尺寸分别为 600×429、600×450 和 819×541，宽高比分别为 7∶5、4∶3 和 3∶2。

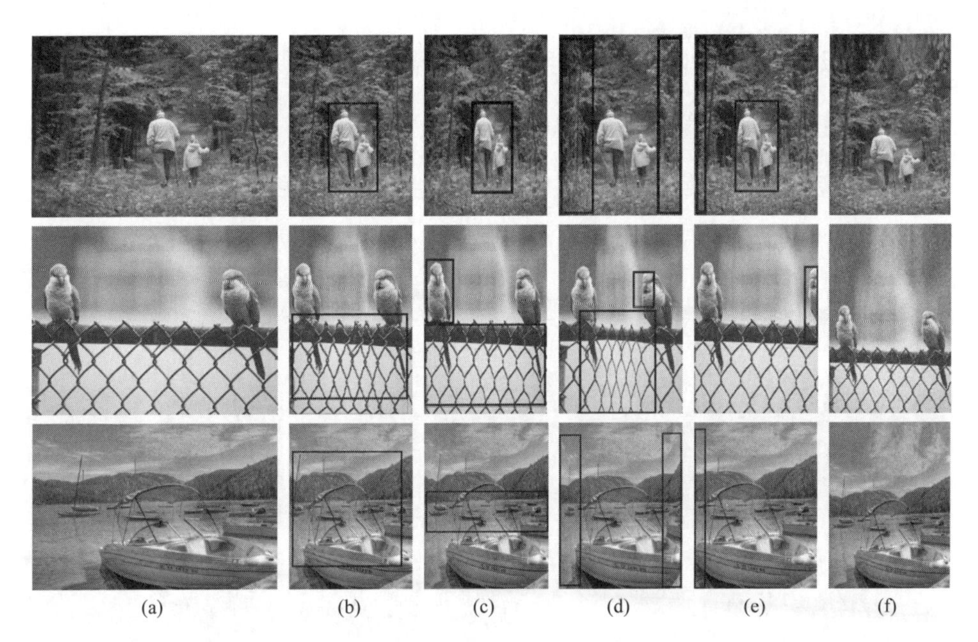

图 3-21　使用五种不同方法将原始图像重定向为高度不变宽度减为 50%的结果比较

(a)原始图像；(b)SC；(c)SCS；(d)QP；(e)FMO；(f)本书方法

从图 3-21 中我们可以明显地看出，其他四种方法的重定向结果在图片中黑色框线内的区域都出现了不同程度的变形，比如第一组图片中爷孙俩的体型、第二组图片中两只小鸟和栅栏的形状以及第三组图片中大船与背景上小船的形状。而且可以明显地看出，SC[20]方法使图像中重要区域的物体发生畸变，QP[18]方法使图像中间或者两侧发生严重的拉伸变形，SCS[95] 方法效果略好，但是也造成了用户关注区域重要物体的拉伸变形，FMO[100]方法则丢失了图像中左侧或者右侧的很多信息，相比之下本书方法的结果对图像中的重要内容以及人们感兴趣的区域的形状和特征保持得较好一些，图像中重要物体的相对比例也保持得较好，而且全局视觉效果没有明显的视觉畸变。

在图 3-22 中将三幅尺寸分别为 615×410、600×400 和 500×333，宽高比均为 3∶2 的图片都进行了高度不变宽度减为 50%宽高比变为 3∶4 的重定向操作。

从图中可以明显地看出，其他四种方法在图片中黑色框线内的区域都出现了不同程度的变形，比如第一组图片中新婚夫妇的身体形态、第二组图片中水面上鹰的左翅膀形状以及第三组图片中房屋、栅栏和小路的形状。而本书方法的结果相比较而言对图像中重要内容以及人们感兴趣的区域的形状和特征保持得较为完整一些，没有明显的视觉畸变，所以全局视觉效果更好一些。

图 3-22　使用五种不同方法将原始图像重定向为高度不变宽度减为 50%的结果比较

(a)原始图像；(b)SC；(c)SCS；(d)QP；(e)FMO；(f)本书方法

图 3-23 中将同一幅图片进行放大和缩小重定向操作，并将本书方法的重定向结果与其他几种方法进行比较。原始图像尺寸为 600×450 宽高比为 4：3，使用四种不同方法将该图像缩小重定向为尺寸 450×450 宽高比为 1：1 的图像，如图 3-23(b)~(e)所示，使用同样四种方法将其放大重定向为尺寸 900×450 宽高比为 2：1 的图像，如图 3-23(f)~(i)所示。在这幅图片中，让人们最容易觉察到变形的人物信息充斥了整幅图片，在将图像进行缩小和放大重定向时，在其他几种

方法的重定向结果中，让用户最为敏感的女孩的面部以及头发都有了不同程度的变形，而本书方法的结果对这些区域的保护较好，而整体视觉效果更好。

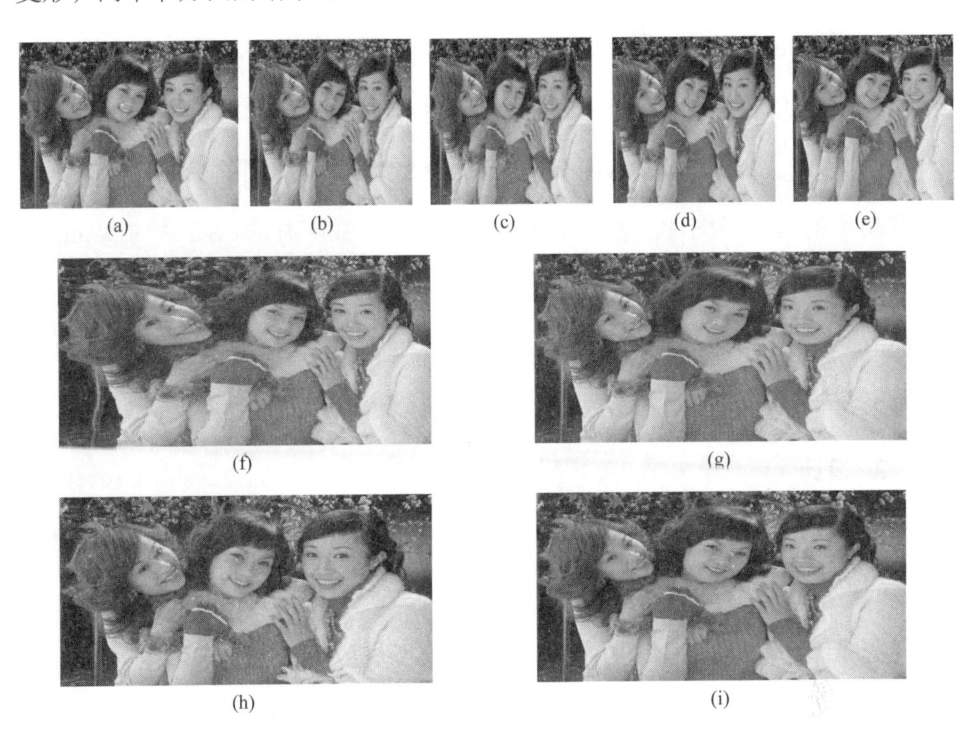

图 3-23 本章方法与其他三种方法的放大和缩小重定向实验比较

(a)4：3 原始图像；(b)1：1 SC；(c)1：1 SCS；(d)1：1 FMO；(e)1：1 本书方法；(f)2：1 SC；(g)2：1 SCS；(h)2：1 FMO；(i)2：1 本书方法

注 使用四种不同方法将宽高比为 4：3 的原始图像缩小重定向为宽高比 1：1 以及放大重定向为宽高比 2：1 的结果比较。

3.6.2 用户调查

为了衡量本书提出的基于最优化双向裁剪的多操作数图像重定向算法的重定向效果，我们设计并进行了一次用户调查。

1. 材料

用于用户调查的图像不但应该具有较高的图像质量，而且应该覆盖广泛的图像类别，因此选择使用图像重定向领域的公用数据库 RetargetMe[110,111]图片库。不但使用了该图片库中的所有 80 幅图片，而且使用了图片库中 6 种重定向结果图像与本书提出的基于最优化双向裁剪的多操作数图像重定向算法的重定向结果图像作比较。最终共获得 80 组高质量的图像，每一组图像包含一幅原始图片以及七幅由七种不同的重定向方法分别得到的相同尺寸以及相同宽高比的重定向图片。这七种方法分别为接缝裁剪方法（SC）[26]、Wang Y. S. 等人的方法（OSS）[27]、多操作数方法（MO）[25]、Dong W. M. 等人的方法（SCS）[95]、Chen R. 等人的方法（QP）[18]、快速多操作数方法（FMO）[100]以及本书的方法。

2. 设计

在这次用户调查中，希望参与者在每一组图片中参照原始图片选出自己最满意的重定向结果图片。因此，我们将原始图片与七种结果图片分为两行同时呈现在屏幕上。原始图片居中在第一行，七种结果图片以一字形排在第二行，每幅结果图片下方都有对应的编号，图片的具体摆放格局如图 3-24 所示。

图 3-24 用户调查过程中每组图片的屏幕摆放格局

80组图片以幻灯片的形式依次显示在屏幕上，每组图片可以让参与者观察30秒，然后为自己最满意的图片投票。投票方式是在事先准备好的一份纸质用户调查表格中相应的标号下划对号，每页表格中有十组图片的投票位置。为了避免参与者混淆图片组，我们在表格中添加了图片信息，如图3-25所示。每组图片观察完后，允许参与者暂停下来进行适当的休息。

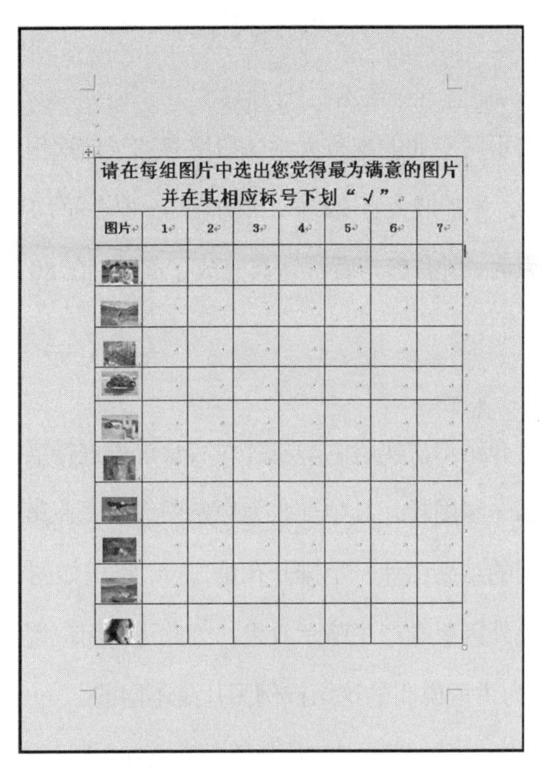
请在每组图片中选出您觉得最为满意的图片并在其相应标号下划“√”

图片	1	2	3	4	5	6	7

图3-25　用户调查表样例

实验结束后，将对用户调查表中的投票情形进行统计和分析，计算出每种重定向方法的平均得票率，计算方法如下：

以x_{ij}表示第i幅图像使用第j种方法重定向后得到的结果图像的得票数，则有$x_{i1}+x_{i2}+\cdots+x_{i7}=N$，其中$1\leqslant i\leqslant M$，其中$N$为实验中参与者的人数，

M 为实验中图像的总组数，也即实验中原始图像的总数。这样第 j 种重定向方法对于实验中所有原始图像的得票总数为 $\sum_{i=1}^{M} x_{ij}$ 。其中 $1 \leqslant j \leqslant p$ ，p 为实验中检验重定向方法的种类数目。因此，计算第 j 种重定向方法的平均得票率为：

$$rat_j = \frac{\sum_{i=1}^{M} x_{ij}}{N \times M} \tag{3-13}$$

3. 参与者

有 30 名来自不同专业的本科大学生自愿参加了这次用户调查，其中男生 20 名，女生 10 名，年龄最大者 22 岁，最小者 19 岁，平均年龄 20.7 岁。这次用户调查实验结束时，所有参与者都认真完成了实验，在 80 组图片中选出了自己最满意的 80 幅图片。

4. 实验过程

首先为参与者介绍本次实验的动机并对实验过程进行描述，给出了一个样例，在屏幕中展示一组图片，其中一张为原始图像放置在第一行的中间位置，其余七种方法得到的结果图片一字排开在第二行，格局如图 3-24 所示。为了保证公平公证，避免外因引导产生暗示效果，因此进行用户调查时，实验中使用的 80 幅图片与作为讲解说明的这组样例图片是不同的。

实验中，从参与者点击播放幻灯片开始，系统就会显示出第一组实验图片，参与者需在 30 秒之内选出自己最满意的图片，并在纸质用户调查表的表格中相应位置画对号，为自己最满意的图片投票。30 秒时间过后这组图片消失，下一组图片被展示出来。在展示下一组试验图片之前，参与者可以自己选择暂停进行适当的休息。各位参与者必须独立完成任务。最终统计发现所有参与者都完成了所有的实验任务，而且完成试验任务的平均时间为 45 分钟。

5. 实验结果

通过对用户调查表的所有数据进行统计和分析，计算出每种重定向方法的平均得票率。在本次实验中，N 取值为 30，M 取值为 80，而 p 取值为 7，则利用式（3-13）可以计算出七种重定向方法对于 RetargetMe 数据库中的 80 幅图像进行重定向得到的结果图像的平均得票率，数据如表 3-1 所示。

表 3-1　七种重定向方法的平均得票率

SC	OSS	MO	SCS	QP	FMO	Ours
5%	8%	21%	14%	9%	16%	27%

从表格中的数据可以看出，本书方法的结果中用户最满意的图片最多，平均得票率最高。在图 3-26 中可以更加清晰直观地看出各种方法的得票率。由此可知，本书提出的基于最优化双向裁剪的多操作数图像重定向算法在 RetargetMe 数据集上的重定向效果相较于其他六种方法更好一些。

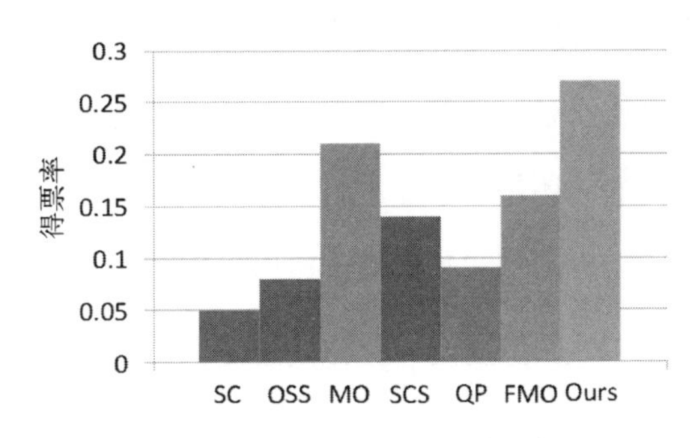

图 3-26　七种重定向方法的平均得票率直方图

3.7　本章小结

本章提出了一种基于最优化双向裁剪的多操作数图像重定向算法，包括提出了一种基于多因子线性组合的重要度图，该重要度图可以较为准确地检测出图像中用户感兴趣的重要区域，为后续的重定向操作提供了较为准确的依据。而且该重要度图也可以单独移植用于其他重定向方法。

重定向过程中，为了获得较高质量的重定向结果，双向裁剪操作被归结为一个二次规划问题求最优解的模型，通过寻求最优解既可以知道最少删除或者添加的裁剪接缝的数目，又可以找到能量当前最小的竖直接缝或者水平接缝，从而可以在减少图像中信息丢失的同时避开图像中的重要区域，仅对相对不太重要的部分进行操作。为了进一步避免接缝裁剪操作造成图像中信息的过度丢失，最优双向裁剪策略又与均匀缩放操作相结合，当图像通过最优双向裁剪操作被缩放为一定的宽高比时，重定向操作将会切换为均匀操作，从而将图像直接缩放为目标尺寸。考虑到不同用户对重定向结果的感官要求不同，我们设置了一个可供用户修改的参数 λ，允许用户根据自己的喜好控制最优双向裁剪与均匀缩放操作的切换点，从而生成用户较为满意的重定向结果。

实验结果证明，本书提出的基于最优化双向裁剪的多操作数图像重定向算法，对任意宽高比以及任意尺寸的图像重定向都可以做到自适应缩放，而且无论是对图像进行放大缩放还是缩小缩放，重定向效果都较为稳定，这说明了该方法的有效性。通过用户调查实验结果也可以发现，用户对本章提出的基于最优化双向裁剪的多操作数图像重定向算法的重定向结果是较为满意的。

然而，遗憾的是，本章提出的基于最优化双向裁剪的多操作数图像重定向算法和其他任何一种图像重定向方法一样，不能完全适用于各种条件下的各种图像的重定向，有时也会重定向效果不佳。比如提出基于多因子的重要度图虽然在很多时候都能正确地检测出图像中用户感兴趣的区域，但是其特征显著度图检测的准确度以及皮肤检测图的自适应性都仍有待于进一步提高。

第 4 章

基于降采样映射的接缝裁剪加速重定向方法

4.1 引言

接缝裁剪方法作为一种新颖的用于图像内容的重定向方法，得到了国内外学者的青睐。正如前面几章所讨论的，针对提高其重定向效果的研究有很多，本书第 3 章中关于基于最优化双向裁剪的多操作数图像重定向算法也是为此目的而提出的。但是除了对接缝裁剪算法重定向效果的改进之外，我们也考虑到对接缝裁剪算法的运行效率进行提高，因为从接缝裁剪方法的工作原理来看，其寻找接缝以及删除或者插入接缝的过程都是通过对像素进行操作来实现的，而且寻找接缝时需要多次使用动态规划来实现，因此较为费时。假设图像的尺寸为 $m \times n$ ，如果在重定向过程中需要对 x 条接缝进行操作，则算法的时间复杂度为 $o(xmn)$ 。可以看出，算法的运行时间与图像的尺寸以及需要操作的接缝的数目都息息相关，因此如果图像的尺寸较大，需要删除的接缝数目又较多，则算法的运行速度会很慢，相当耗费时间。

因此，在本章中我们对接缝裁剪算法的加速进行了思考和研究，将提出一种基于降采样映射的接缝裁剪加速算法，实验证明，该算法对于接缝裁剪算法的运行效率有了明显的提高，而且重定向结果图像的质量不会明显下降。

4.2 接缝裁剪加速算法研究现状

Srivastava A.和 Biswas K. K.[112]对接缝裁剪方法的加速进行了研究，提出了几种可行的方法。方法一，带状删除图像中的接缝，即如果找到具有最小能量的接缝，则在删除该条接缝的同时，将与其相邻的由左边和右边的像素组成的两条接缝删除，除非这两条接缝中的一条或者两条的能量与这条能量最小的接缝的能量差超过一定的阈值。方法二，同时删除能量最小的三条接缝，如果这三条接缝有交叉，则删除交点像素左边或者右边的像素。方法三，将图像分为若干个区域块，然后在每个区域块中寻找接缝进行操作。其中每个图像块中要寻找和操作的接缝的数目在需要删除的接缝的总数中所占的比例由该区域块的能量占图像总能量的比例来决定。图像块能量越大，在其中寻找和操作的接缝就会越少。最后再将重定向后的每个图像块拼接在一起组成最终图像。以上这几种方法都可以对接缝裁剪方法的加速起到一定的作用，但是这几种方法却都忽略了一点，也就是为了保证图像重定向后的质量，应该在每次对接缝进行操作的时候能够保证对能量最小的接缝进行操作，否则就容易丢失图像中较为重要的像素，导致重定向后图像视觉效果的下降。

Huang H.[113]等人发明了一种基于接缝裁剪的实时的重定向技术，该方法将接缝裁剪方法中计算接缝图的过程归结为一个在由相邻行或者列中像素组成的加权二分图中寻找最优匹配的过程，因此可以有效地提高接缝加速算法的效率。但是也正是由于该方法是通过使用相邻行或者列中像素组成加权二分图来寻找接缝，因此导致图像块之间的接缝比较明显。以图 4-1（c）和（e)中可以看出 Huang H.[113]等人的方法生成的图片在两座塔之间有着明显的接缝，仿佛将图片按照左右一分为二。该实验是将原始图像图 4-1（a）分别使用接缝裁剪算法（SC）[26] 和 Huang H. 等人[113]的接缝裁剪算法重定向为高度不变，宽度变为原来的 1/2 和 1/4。

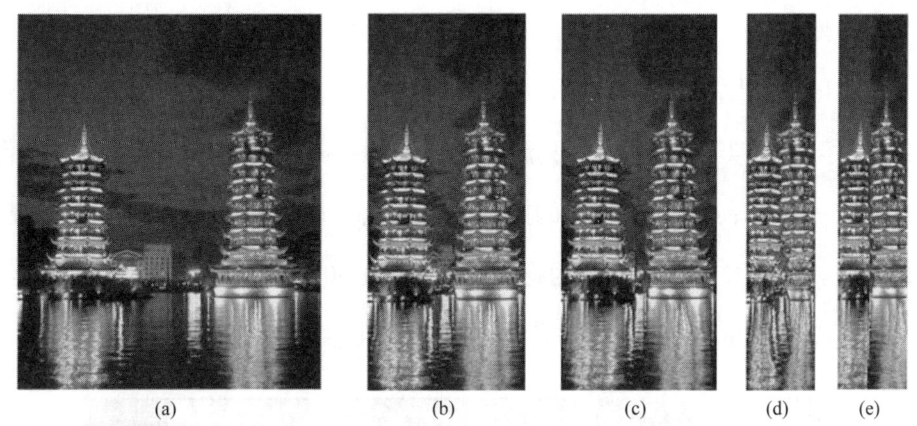

(a)　(b)　(c)　(d)　(e)

图 4-1　Huang H.等人[113]的实时图像重定向算法与接缝裁剪算法(SC)的实验比较

(a)原始图像；(b)接缝裁剪算法(SC)[26]结果 1；(c)Huang H.等人[113]的接缝裁剪算法结果 1；(d)接缝裁剪算法(SC) [26]结果 2；(e)Huang H.等人[113]接缝裁剪算法结果 2

注　将原始图像(a)重定向为高度不变，宽度变为原来的 1/2 和 1/4，图(b)和(d)为接缝裁剪算法(SC)[26] 结果，图(c)和(e)为 Huang H.等人[113]的方法的实验结果。

Duarte R.和 Sendag R.[114]首次提出使用异构 CPU-GPU 系统来对接缝裁剪算法进行加速，该方法利用支持 CUDA 的图形处理单元（GPUs）的高度并行计算能力来对图像重定向算法进行加速。其加速效果也比较乐观，但是很明显，这种对图像重定向方法的加速程度高度依赖于硬件 CPU 的配置，因此这种加速策略有一定的局限性，有时会受到客观条件的约束，所以仅仅可以作为重定向算法加速的一个辅助策略。对于我们而言，我们更关心的将是对算法本身策略的改进。

Cao L.等人[115]发明了带有条状带约束的接缝加速算法，该算法将图像按照水平方向或者竖直方向进行等分，分为一系列没有交叉的条状图像，然后分别在这些条状图像中寻找接缝进行删除或者复制。将条状图的变形能量最小化作为目标函数进行最优化求解，最终求出每幅条状图片的最佳尺寸，然后再在每幅条状图片中删除或者添加接缝。其中每幅条状图片中需要删除或者添加的接缝的数目等于该图像块与其目标宽度（或者高度）之间的差值。在每幅条状图像中寻找接缝的过程中，使用了 Huang H.等人[113]的方法，以提高算法的运行效率。实验证明，原始图像被分成的条状图像越多，重定向后的效果越好。但是由此也可以看出，如果条状带分得太多，在条状带图片中找出的接缝就越趋于直线，以至于类似于对图像进行列删除操作，这样很明显就违背了接缝裁剪操作的初衷——选择具有最小能量的接缝进行操作，以求保护好图像中人们感兴趣的区域。如图 4-2 所示中图(e)为将原始图像分成 50 个竖直条状带时的重定向结果，可以看出雪人的右侧被近乎直线的一系列竖直接缝“切”得很整齐。

图 4-2　Cao L.等人[115]的带有条状带约束的接缝加速算法示例

(a)原始图像；(b)两个条状带；(c)10 个条状带；(d)50 个条状带；(e)图(d)结果

4.3 算法描述

如果想要提高接缝裁剪方法的运行效率，考虑到接缝裁剪算法的时间复杂度较高，因此应力求降低接缝裁剪算法的时间复杂度。同时在对接缝裁剪方法进行加速的时候，尽量不要以降低图像重定向后的质量为代价。为此，我们提出了基于降采样映射的接缝裁剪加速算法，该算法通过降采样映射策略降低了接缝裁剪算法的时间复杂度，同时遵循接缝裁剪方法对最小能量的接缝进行操作的原则，可以较好地保护图像中用户感兴趣的区域，使重定向后的结果图像在视觉质量上不会明显降低。

1. 降采样寻找接缝

假设原图像 I 尺寸为 $m \times n$，现在需要将其通过接缝裁剪方法重定向为目标尺寸 $m' \times n$，如果 $m' < m$，则需要删除 $m - m'$ 条竖直接缝。如果记 $x = m - m'$，则采用接缝裁剪方法，根据其算法原理可以计算出其时间复杂度为 $o(xmn)$。考虑到算法的时间复杂度与图像的大小以及需要操作的接缝的数量相关，因此首先应对图像进行降采样操作。将图像尺寸为 $m \times n$ 的图像 I 等比例缩放为尺寸为 $(m/k) \times (n/k)$ 的图像 I^*，根据等比例计算可知，在图像中删除 x/k 条竖直接缝即可将图像重定向为目标宽高比 m'/n。

通过动态规划算法，可以在降采样后的图像 I^* 中找到 x/k 条能量最小的竖直接缝。如果此时选择在图像 I^* 中删除这 x/k 条能量最小的竖直接缝，可以得到和目标宽高比一样的图像，然后将该图像再直接通过等比例缩放为目标尺寸，显然图像中的很多像素点将会由插值方法产生，导致图像分辨率降低，重定向后的图像会非常模糊，因此应采用映射方式返回原图像 I 中进行重定向操作。

2. 寻找包围盒

首先，在图像中 I^* 中为这 x/k 条最小能量接缝的每一条接缝寻找其包围盒。对于竖直接缝而言，只需要寻找其路径上像素的最小列坐标以及最大列坐标，则这两列中的全体像素即为该接缝的包围盒边界。由此可以找到这 x/k 条最小能量接缝的 x/k 个包围盒 $b_{01}, b_{02}, \cdots, b_{0\frac{x}{k}}$。

3. 合并包围盒

考虑到这 x/k 个接缝包围盒之间可能互相交叉，因此接下来应将所有有交叉的包围盒进行合并。

如果 $b_{0i} \cap b_{0j} \neq \Phi, i, j \in \{1,2,\cdots,\frac{x}{k}\}$，则：

$$b_{0i} \cup b_{0j} = b_{1q} \quad \text{其中}\ q < \frac{x}{k} \tag{4-1}$$

同时，如果 $b_{0i} \cap b_{1q} \neq \Phi$，$i \in \{1,2,\cdots,\frac{x}{k}\}$，则：

$$b_{0i} \cup b_{1q} = b_{2p} \quad \text{其中}\ p < \frac{x}{k} \tag{4-2}$$

或者如果 $b_{0j} \cap b_{1q} \neq \Phi$，$j \in \{1,2,\cdots,\frac{x}{k}\}$，则：

$$b_{0j} \cup b_{1q} = b_{2p} \quad \text{其中}\ p < \frac{x}{k} \tag{4-3}$$

…

继续合并，直至生成包围盒 $B_1, B_2, \cdots, B_l \left(1 \leqslant l < \frac{x}{k}\right)$，满足 $\forall i, j \in \{1,2,\cdots,l\}$ 有 $B_i \cap B_j = \Phi$ 成立。

4. 包围盒映射

由于图像 I^* 是由原图像 I 通过等比例缩放降采样得到的，因此可以通过这种等比例关系找到 I^* 中包围盒 $B_1, B_2, \cdots, B_l \left(1 \leqslant l < \frac{x}{k}\right)$ 在原图像 I 中相应位置上对应的包围盒 $Box_1, Box_2, \cdots, Box_l \left(1 \leqslant l < \frac{x}{k}\right)$。可知，图像 I^* 包围盒 $B_1, B_2, \cdots, B_l$ 与原图像 I 中的包围盒 $Box_1, Box_2, \cdots, Box_l$ 是满足一对一映射的关系，如图 4-3 所示。

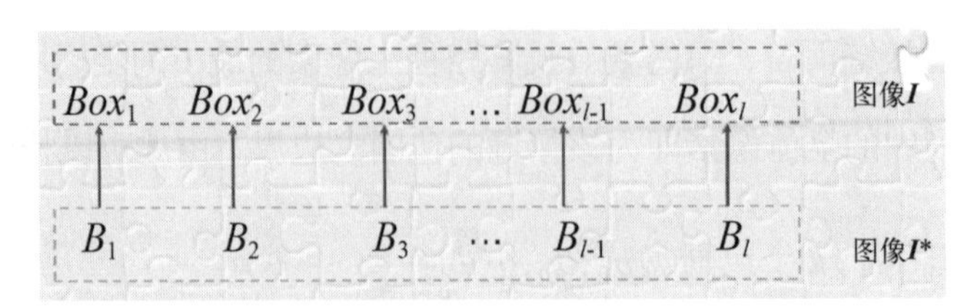

图 4-3 原始图像与降采样后图像中包围盒的映射图示

5. 原图像包围盒中寻找裁剪接缝进行删除

接下来，将在包围盒 $Box_1, Box_2, \cdots, Box_l$ 中寻找把原图像重定向为目标尺寸 $m' \times n$ 而所需删除的 x 条竖直接缝。为了更好地保护图像中能量较大的用户感兴趣区域，原则上需要在比较重要的包围盒中删除较少的接缝，而在不太重要的包围盒中删除较多的接缝。因此，在第 i 个包围盒中要删除的接缝的数目为：

$$s_i = \frac{E_{B_i} \cdot x}{\sum_{i=1}^{l} E_{B_i}} \tag{4-4}$$

其中 $E_{Box_i} = \sum_{(x,y) \in B_i} e(x,y)$ 为图像 I^* 中第i个包围盒 B_i 的总能量，而且 $\sum_{i=1}^{l} s_i = x$ 。

接下来，在每个包围盒的图像块中删除相应 s_i 条竖直接缝，就可以将图像重定向为目标尺寸 $m' \times n$ 。可以看出，非包围盒区域的图像块将会是完好无损的，而且在接缝裁剪过程中不必花费时间再在其中寻找接缝了，无形中就降低了算法的时间复杂度，节省了许多算法运行的时间。

以图 4-4 中图像（a）的重定向操作为例。图像（a）原始尺寸为 500×375，需要将其重定向为尺寸 400×375，因此需要删除 100 条竖直接缝。实验中 k 取值为 4，因此首先应将图像（a）通过等比例缩放降采样尺寸为 125×94 的图像，然后在这个图像中寻找 25 条竖直接缝即可。这 25 条接缝如图 4-4（b）所示，然后寻找这 25 条竖直接缝每一条接缝的包围盒，从而可以得到包围盒 $b_1, b_2, \cdots, b_{25}$ 。将有交叉的包围盒合并，最后生成没有交叉的新的包围盒 B_1 和 B_2 ，如图 4-4（b）所示。在原图像中找到这两个包围盒的映射 Box_1 和 Box_2 ，这两个包围盒如图 4-4（c）所示。然后根据 Box_1 和 Box_2 能量的大小决定两个包围盒中所需删除的接缝的数目，并在相应的包围盒中找到这些需要删除的接缝。在该例中，左侧雪人所在的包围盒中需要删除 44 条竖直接缝，如图 4-4（d）所示。而右侧包围盒中需删除 56 条竖直接缝，如图 4-4（e）所示，最终生成了尺寸为 400×375 的目标图像。

图 4-4　本书提出的基于降采样的接缝加速算法示例

注　图(a)为原始图像，图(b)为降采样后图像中需要删除的竖直接缝以及合并所有接缝的相交包围盒后产生的最终包围盒，图(c)为在原图像中映射出的包围盒，图(d)和(e)展示的是在原图中相应的两个包围盒中需要删除的竖直接缝，(f)为重定向后的结果图像。

4.4 实验结果

我们将从两个角度分析 4.3 节所描述的基于降采样映射的接缝裁剪加速算法，首先从理论的角度分析该算法的时间运行复杂度，然后通过实例观察该算法的运行时间以及重定向效果。

4.4.1 时间复杂度分析

根据算法的流程可知,如果将尺寸为 $m \times n$ 的原始图像 I 通过接缝裁剪方法重定向为目标尺寸 $m' \times n$，假设 $m' < m$，则需要删除 $m - m'$ 条竖直接缝。

记 $x = m - m'$，然后将图像 I 等比例缩放为尺寸为 $(m/k) \times (n/k)$ 的图像 $I*$。根据等比例计算可知，在图像中需要删除 x/k 条竖直接缝，则在图像 $I*$ 中找到这 x/k 条竖直接缝的时间复杂度为：

$$o\left(\frac{x}{k} \cdot \frac{m}{k} \cdot \frac{n}{k}\right) = o\left(\frac{xmn}{k^3}\right) \tag{4-5}$$

然后寻找 x/k 条竖直接缝中每一条接缝的包围盒，合并每两个有交叉的包围盒，生成不再有交叉的包围盒，并在原图像中找到其一一对应的映射包围盒 $Box_1, Box_2, \cdots, Box_l \left(1 \leqslant l < \frac{x}{k}\right)$。

为了更好地保护图像中能量较大的用户感兴趣区域，依据每个包围盒总能量的大小按比例分配需要删除的数目，根据式（4-4），需要计算图像 $I*$ 中每个包围盒 $B_1, B_2, \cdots, B_l \left(1 \leqslant l < \frac{x}{k}\right)$ 的能量值。考虑最坏的结果，假设图像 $I*$ 这 x/k 条竖直接缝的 x/k 个包围盒两两都没有交叉，即包围盒 $B_1, B_2, \cdots, B_l \left(1 \leqslant l < \frac{x}{k}\right)$ 仍然有 x/k 个，则：

$$B_1 \cup B_2 \cup \cdots \cup B_{\frac{x}{k}} \subseteq I* \tag{4-6}$$

最坏的结果为这些包围盒拼接后恰恰等于图像 $I*$，假设这 x/k 个包围盒将原图像等分，则计算这些包围盒的能量的时间复杂度为：

$$o\left[\frac{x}{k} \cdot \frac{(m/k)}{(x/k)} \cdot \frac{n}{k}\right] = o\left(\frac{mn}{k^2}\right) \tag{4-7}$$

那么由图像 I^* 中包围盒 $B_1, B_2, \cdots, B_{\frac{x}{k}}$ 映射出的原图像 I 中的包围盒 $Box_1, Box_2, \cdots, Box_{\frac{x}{k}}$ 也等分了图像 I，因此每个包围盒的宽度应该为 $\frac{km}{x}$，高度为 n。假设在每个包围盒中需要删除 k 条竖直接缝，则在包围盒中寻找这 k 条竖直接缝的时间复杂度为 $o\left(k \cdot \frac{km}{x} \cdot n\right) = o\left(\frac{k^2 mn}{x}\right)$。同时，总共有 x/k 个包围盒，因此找到这 x 条竖直接缝的时间复杂度为：

$$o\left(\frac{x}{k} \cdot \frac{k^2 mn}{x}\right) = o(kmn) \tag{4-8}$$

则由式（4-5）、式（4-7）和式（4-8）可得，算法的总时间复杂度为：

$$o\left(\frac{xmn}{k^3}\right) + o\left(\frac{xmn}{k^2}\right) + o(kmn) = o\left[\left(\frac{x}{k^3} + \frac{1}{k^2} + k\right) mn\right] \tag{4-9}$$

可以看出，该算法的时间复杂度小于原接缝裁剪算法的时间复杂度 $o(xmn)$，因此对原接缝裁剪方法[26]的运行效率有了一定程度的提高。

4.4.2 算法运行实例分析

我们在实验中对本章提出的基于降采样的接缝裁剪加速方法与接缝裁剪方法[26]进行了运行时间的比较。实验环境为 Intel(R) 酷睿 2 四核 Q8200 @3.30GHz CPU, 2GB RAM 配置的计算机。

我们选择了三组尺寸不同的图片，第一组图片尺寸为 460×300，第二组图片尺寸为 500×375，第三组图片尺寸为 1024×686。每组图片我们又分别选择了五幅不同的图片，因此实验中共使用了 15 幅图片进行了比对。我们将这 15 幅图片，分别使用基于降采样映射的接缝裁剪加速方法与接缝裁剪方法[26]。这两种方法将它们重定向为高度不变宽度减为原来 80%的尺寸。然后计算每种尺寸图片两种不同方法的平均运行时间，最终结果如表 4-1 所示。

表 4-1　加速前后的接缝裁剪算法的平均运行时间比较

图像尺寸	删除接缝的数目	接缝裁剪方法[26]运行时间(s)	本章方法运行时间(s)	加速比(%)
460×300	92	28.4901	19.8684	30.26
500×375	100	35.2863	18.5835	47.34
1024×686	205	890.6735	374.7347	57.93

从表 4-1 中可以看出，本书提出的基于降采样的接缝裁剪加速方法与接缝裁剪方法[26]相比在算法运行时间上有了明显的提高，然而重定向之后的结果图像视觉效果如何呢？在图 4-5 中，我们在三组图片中分别选择一幅图像进行展示，可以看出，本书提出的基于降采样的接缝裁剪加速方法虽然在运行时间上较接缝裁剪方法[26]有了明显提高，但是视觉上并没有因此而使图像质量明显下降。

(a)　(b)　(c)

图 4-5　基于降采样的接缝裁剪加速方法与接缝裁剪方法[26]重定向结果比较

(a)原始图像；(b)接缝裁剪方法[26]；(c)本章方法

注　将原始图像(a)重定向为高度不变，宽度减为原来 80%，图(b)为接缝裁剪方法[26]的实验结果，图(c)为本章的基于降采样的接缝裁剪加速方法的实验结果。

4.5 接缝裁剪加速算法的应用

我们将本章提出的基于降采样的接缝裁剪加速算法用于本书第 3 章中提出的基于最优化双向裁剪的多操作数图像重定向算法。依据降采样的原则，我们首先在对图像删除竖直接缝的能量损失规律做数据拟合时使用降采样后的图像，为了减小拟合曲线的误差，我们将缩放尺度因子 k 取值为 2，而在后面的双向裁剪中依然取 k 的值为 4。

实验一，同一幅图片，重定向为不同尺寸，λ 取值相同。

在这个实验中，我们选择了尺寸为 500×333 宽高比为 3∶2 的图像进行重定向实验。将这幅图像分别使用基于最优化双向裁剪的多操作数图像重定向算法以及使用本章方法加速后的基于最优化双向裁剪的多操作数图像重定向算法这两种方法将其重定向为目标尺寸 480×270 、400×333 和 250×333 ，目标宽高比分别为 16∶9、6∶5 以及 3∶4。

根据目标图像的尺寸和宽高比，两种算法都可以自适应地寻找最小数目具有当前最小能量的水平接缝或竖直接缝进行操作。实验中我们取 λ 值为 0。通过实验结果（见表 4-2）可以看出，对于同一幅图像而言，重定向后比例相对于原始图像改变越多，重定向过程中需要操作的接缝的数量就越多，加速算法的作用也就会越明显。

加速前后的重定向效果如图 4-6 所示。图中左上角为宽高比 3∶2 的原始图像，后面三列图像分别为尺寸 480×270 、400×333 和 250×333 ，宽高比分别为 16∶9、6∶5 以及 3∶4 的重定向后图像。第一行中后面三幅图像为加速前算法的重定向结果，而第二行中三幅图像为加速后算法的重定向结果。两者的结果存在视觉上的差别，这是因为加速前寻找最优接缝的时候是在全局中寻找，而加速后主要集中在相比之下不太重要的局部区域，相对来讲接缝的布局是比较集中的。然而，算法的加速比却是可观的。

表 4-2　加速前后的基于最优化双向裁剪的多操作数图像重定向算法运行时间比较 1

目标宽高比	目标尺寸	加速前			加速后运行时间(s)			加速比(%)
		s_v	s_h	运行时间(s)	s_v	s_h	运行时间(s)	
16：9	480×270	32	34	231.843	25	38	41.125	82.3
6：5	400×333	76	20	257.671	64	30	42.64	83.4
3：4	250×333	53	210	380.547	205	60	156.109	59.0

(a)　(b)　(c)　(d)

图 4-6　加速前后的基于最优化双向裁剪的多操作数图像重定向算法实验一

(a)3：2 原始图像；(b)16：9 结果；(c)6：5 结果；(d)3：4 结果

注　图中第一行后面三幅图像为加速前算法的重定向结果，第二行中图(b)(c)(d)为加速后算法的重定向结果。

实验二，同一幅图片，重定向为相同尺寸，λ 取值不同。

在这个实验中，我们选择了尺寸为 400×300 宽高比为 4：3 的图像进行重定向实验。分别取 $\lambda=0$、$\lambda=0.5$、$\lambda=0.8$，将这幅图片重定向为 200×300 宽高比为 2：3 的图像,得到基于最优化双向裁剪的多操作数图像重定向算法与使用本章方法加速后的运行时间，如表 4-3 所示。

从实验数据中我们可以看出，正如第 3 章中所说，λ 取值越接近于 0 则重定向过程中最优化双向裁剪方法对图像的操作就会越多，也即意味着需要插入或者删除的接缝就会越多，这样势必会导致信息丢失较多而且算法的运行时间也会变长。但是从图 4-7 中的实验结果可以看出本书第 3 章中提出的图像重定向方法仍能较好地保护图像中的重要内容，而且在经过本章提出的基于降采样映射接缝裁剪的加速，算法的运行速度也有了显著的提高。加速之后，在 $\lambda=0$ 的情况下，图像质量有了一点下降，但是却能较好地保持图像中用户最容易注意到的敏感信息（图中女孩）。

表 4-3　加速前后的基于最优化双向裁剪的多操作数图像重定向算法运行时间比较 2

λ 的取值	加速前			加速后运行时间(s)			加速比(%)
	s_v	s_h	运行时间(s)	s_v	s_h	运行时间(s)	
0	166	51	206.828	178	33	57.203	72.3
0.5	51	49	152.281	69	31	41.422	72.8
0.8	0	33	102.906	9	26	31.415	69.5

(a)　(b)　(c)　(d)

图 4-7　加速前后的基于最优化双向裁剪的多操作数图像重定向算法实验二

(a)3∶2 原始图像；(b)λ=0；(c)λ=0.5；(d)λ=0.8

注　图中第一行后面三幅图像为加速前算法的重定向结果，第二行中图(b)(c)(d)为加速后算法的重定向结果。

实验三，不同图片，重定向为高度不变宽度变为原来 80%，λ取值相同。

在这个实验中，我们选择了三幅尺寸不相同的图片进行相同任务的重定向操作，将三幅图片均通过加速前的基于最优化双向裁剪的多操作数图像重定向算法以及使用本章方法加速后的该方法重定向为高度不变宽度变为原来 80%。原始图像的尺寸分别为 480×320、547×346 和 800×600，其宽高比分别为 3∶2、8∶5 和 4∶3。本次试验中λ仍取值为零，最终的数据结果如表 4-4 所示。

表 4-4　加速前后的基于最优化双向裁剪的多操作数图像重定向算法的平均运行时间比较 3

图像尺寸	加速前			加速后运行时间(s)			加速比(%)
	s_v	s_h	运行时间(s)	s_v	s_h	运行时间(s)	
480 × 320	0	80	209.628	32	54	50.113	76.1
547 × 346	82	21	312.867	78	25	63.368	79.7
800 × 600	76	79	1233.681	69	31	454.148	72.8

从表 4-4 中我们仍可以看出，通过应用本章所提出的接缝裁剪加速算法，基于最优化双向裁剪的多操作数图像重定向算法的运行速度有了显著的提高。而且，从实验三的实验结果图 4-8 中我们也可以看到，该算法在加速后，重定向结果依然比较令人满意。

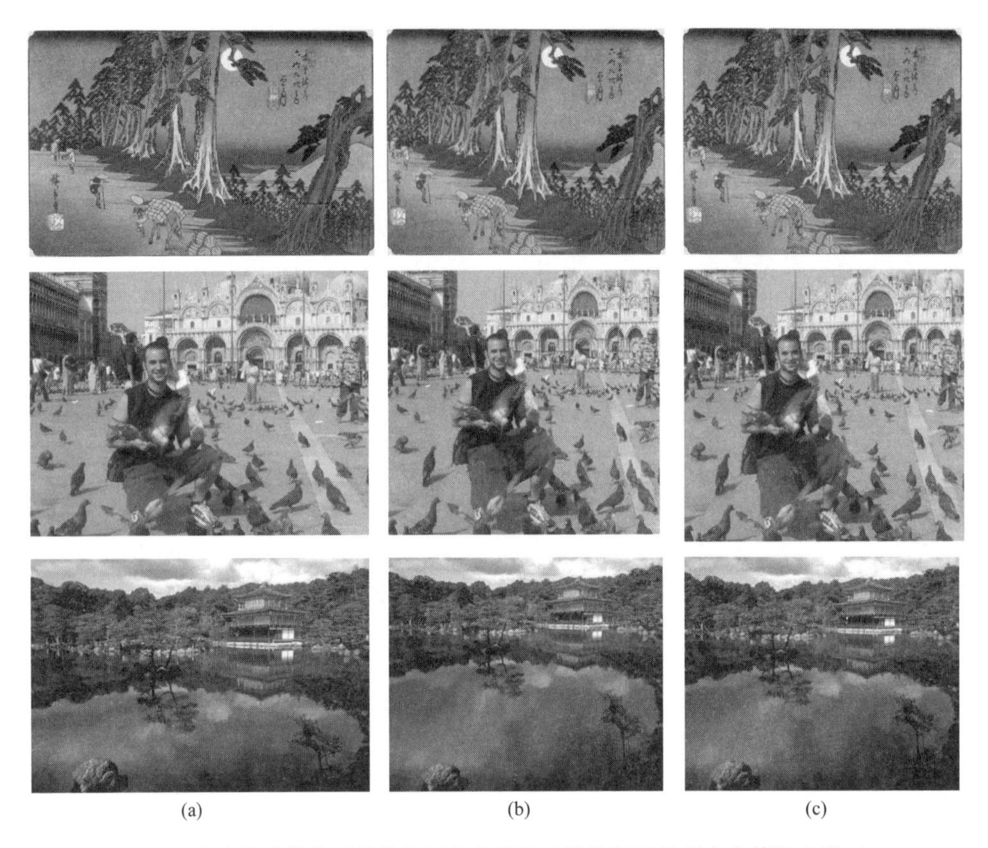

图 4-8 加速前后的基于最优化双向裁剪的多操作数图像重定向算法实验三

(a)原始图像；(b)加速前的重定向结果；(c)加速后的重定向结果

通过以上三个实验可以看到，本章提出的基于降采样映射的接缝裁剪加速算法应用于本书第 3 章提出的基于最优化双向裁剪的多操作数图像重定向算法之后，该重定向算法的运行效率得到了有效的提高，而且重定向结果图像的质量也没有明显的降低。

但是，无论是本书第 3 章里提出的图像重定向方法还是本章提出的加速算法，其算法运行效率都还需要进一步提高，因为现在的这两种算法在重定向过程中都仍然是通过动态规划来寻找接缝的，因此运行效率仍然有很大的提升空间，这个问题应该在以后的工作中逐步解决。为此，可以考虑将图割的方法或者其他方法用于接缝裁剪来提高其运行效率，以便于可以用于实时地处理大规模图像重定向问题。

4.6 本章小结

本章提出了一种基于降采样映射的接缝裁剪加速算法，一方面通过原图像与降采样后图像之间的映射关系，降低了接缝裁剪算法的时间复杂度，关于这一点，在理论上得到了证明。另一方面，由于本章算法仍然是寻找图像中当前能量最小的接缝进行操作,因此不会造成加速后图像重定向质量的明显下降。实验结果也证明了这一点。

但是如果最坏的情况发生，即包围盒合并后拼接起来正好是原图像本身，则加速效果将会不太明显。由于本章方法在计算每个包围盒中图像块的重要度时，是在降采样后的图像块中进行的，因此仍然比原来的接缝裁剪算法运行速度快一些。

该算法由于是针对接缝裁剪方法提出的，因此可以移植于基于接缝裁剪方法的其他重定向方法，包括本书第 3 章中提出的基于最优化双向裁剪的多操作数图像重定向方法以及其他基于接缝裁剪方法的重定向方法。实验证明，基于最优化双向裁剪的多操作数图像重定向方法在应用了本章提出的基于降采样映射的接缝裁剪加速算法之后，算法运行效率得到了有效的提高，而且重定向结果的质量也没有明显的降低。

第 5 章

基于像素位置变化测度的重定向质量评估方法

5.1 引言

在图像重定向研究过程中，对于重定向后结果图像质量的评估具有非常重要的作用。一方面，可以通过评估指导重定向过程，另一方面，也可以对最终的图像重定向结果进行衡量，用于评估不同的重定向方法的优劣。如何准确地评估重定向结果图像的质量对研究者而言是一种挑战，因为这个问题涉及视觉感知、美学评判以及数据统计等多个领域。由于图像质量评价的主体是人，因此人的主观评价是对图像最准确最直接的评价方法。国内外许多专家和学者都在致力于研究和寻找符合人眼视觉系统特性的图像质量评估方法，然而对于人眼的视觉特性（比如多通道结构、对比度敏感度、掩盖效应以及视觉非线性定律等）的研究涉及生理、心理、文化背景等多方面因素，而诸如心理特性等因素则很难找到一个定量的描述方法来描述，因此对于图像质量的评价主观性较强，复杂性较高，难度较大，以至于迄今为止仍没有一套可靠而且统一的图像质量评估体系。

对于现有的图像质量评估方法而言，主要可分为两类，即主观性评估方法和客观性评估方法。主观性评估方法虽然与人的主观感受相符，但是会受到观测者心理状态、文化背景、认知水平等主观因素的影响，并且需要高劳动成本以及时间成本，不能结合到算法中去，因此不适合大规模评估以及快速响应应用程序。而客观性评估方法虽然和人的主观感受有出入，但是却方便快捷，而且可以结合到算法中去，方便人们使用，所以客观性评估方法是人们研究和关注的重点。而且，找到能够和人们主观性评价方法一致的客观性评价方法是研究者们的最高目标。

客观性评估方法依据评估过程对参考对象的依赖程度，可大致分为三类，即全参考型、半参考型以及无参考型。全参考型算法种类繁多，根据其采用的技术不同，又可分为两类，一类是基于误差统计的算法，另一类是基于 HSV 模型的算法。这类方法参考的是图像的像素级的信息，数学含义清晰，便于实现，而且能够捕获像素层面上的微小失真。半参考型也可分为两种，一种是基于图像特征统计量的算法，一种是基于数字水印的算法。这类算法无需原始的像素级别的信息，只需要从参考图中提取部分统计量进行比较。无参考型算法也可分为两种，即针对图像失真型的算法和基于机器学习的算法。这类方法无需参考图像，灵活性强，但是由于没有具体的参考图像作为标准，因此容易造成对复杂图像质量的“过估计”和对简单图像的“欠估计”。

由于对于图像重定向问题的评估而言，其目的是为了评价重定向后结果图像的质量，从而可以指导图像重定向过程或者评价不同的图像重定向方法的有效性，因此需要将原始图像作为评价重定向结果图像的重要依据。这样，针对以上所介绍的三类方法的不同特点，我们认为全参考型图像质量评估方法更适合用于评价重定向结果图像的质量。

本书对图像重定向质量评估进行了尝试性研究，提出了一种全参考型的基于像素位置变化测度的重定向质量评估方法。该方法可以用一种基于像素位置变化测度的量化指标来衡量重定向后图像的变形程度，因此可以用于指导图像重定向的过程。而且，用户调查表明，使用本书提出的基于像素位置变化测度的重定向质量评估方法得到的客观评价结果与用户的主观评价有很强的关联性。

5.2 重定向质量评估方法研究现状

随着图像重定向方法的研究的不断发展，对于重定向质量的评估得到了越来越多研究者的重视，许多自动化的图像重定向方法被不断提出。

Rubinstein M. 等人[110]对八种当前经典的重定向方法进行了比较性研究，并为进一步进行重定向评估研究提供了一个公用数据集 RetargetMe 图片库[111]。Castillo S. 等人[116]使用人眼跟踪数据来评估不同的图像重定向方法。该方法首先采集用户在图像上的关注点，从这些人眼跟踪数据中获得图像的特征显著点，然后将这些点放入重定向结果图像，最后通过六种不同的距离矩阵来计算重定向后图像与原图像的距离，并以此来评估不同的图像重定向方法。Dong W. M.[95]等人的方法和 Hua S.[118]等人的方法均将 Simakov D.[86]提出的双向相似性度量（bidirectional similarity measure）用于接缝裁剪方法，通过设定阈值用其来决定何时终止接缝裁剪操作而转为均匀缩放。但是该方法首先将原始图像和目标图像都等分为相同大小的图像块，然后需要在目标图像中为原始图像中的每一个图像块去寻找和它最相近的图像块进行匹配，从而计算目标图像与原始图像的距离，显然这样需要很大的计算量。而且如果将该方法用于重定向方法时，需要在每删除或添加一条或者若干条接缝之后就要比较得到的新图像与原始图像的距离，如果距离超过一定的阈值，就选择停止使用接缝裁剪方法，转为使用均匀缩放方法。这样一来，庞大的计算量势必会导致重定向算法的运行效率降低。

Hua S.[119]等人又提出了一种使用 SIFT（scale invariant feature transform）特征的尺度不变特征变换方法，首先提取原始图像和目标图像中的 SIFT 特征，然后将两者进行匹配，计算两组 SIFT 特征向量之间的距离，通过这种度量来评估重定向后图像与原始图像之间的距离。Liu Y. J. 等人[117]的方法以 SIFT 方法为基础，考虑图像全局性的拓扑特性，并且以一种有效的方式使用图像尺度空间来获取这种全局结构。首先通过自顶向下的方式获取两个图像的全局几何结构，然后建立用于评估的详细的像素关系，从而可以建立既包含全局几何结构又包含局部像素关系的评估矩阵。Sun J.和 Ling H.[46]等人在提出一种可以创建图像缩略图方法的同时，提出了三种用户调查方法，最终通过统计观察者的主观评估结果对缩略图像的质量进行评估。Wu L.等人[120]提出首先通过 Itti L.[2]的特征显著度图计算出图像中的重要区域，然后将重要区域分成很多方形的子图像块（比如 9×9 像素大小），并以子图像块的中心像素来代表该图像块。然后，计算重定向后图像中该中心像素与其在原图像中的距离，最终将所有子图像块的中心像素与其在原图像中的距离和的平均值作为衡量重定向后图像质量的评估依据。但是，显然该方法的重要区域的寻找决定于 Itti L.的特征显著度图的准确度，如果此特征显著度图未能准确地检测到重要区域，则该方法的评估结果可信度就会降低。而且在图像重定向结果图像中，仅考虑重要区域的变形程度是不够的，因为复杂背景的畸变也会让用户感到不舒服。

5.3　基于像素位置变化测度的重定向质量评估法描述

本节将要提出的基于像素位置变化测度的重定向评估算法与 Wu L.等人[120]提出的方法以及 Castillo S.等人[116]的方法不同的是，本章的方法不但关注最终重定向结果图像中用户感兴趣区域的变形程度，而且也关注看似不重要的背景区域的变形程度，因此既可以考虑图像的局部信息又可以顾及图像的全局信息，从而较为全面地衡量重定向后结果图像的质量。而且与 Dong W. M.[95]等人的方法和 Hua S.[118]等人的方法不同的是，本章的方法计算量是比较小的，因此较为省时省力，效率较高。

考虑到图像中不同物体之间以及物体和背景之间可以靠颜色来划分界限，因此在进行图像重定向之前，首先使用 Meanshift 聚类方法[66]将图像进行区域划分，如图 5-1 所示，并对不同的区域进行编号。

图 5-1 Mean Shift 聚类方法划分区域示例

假设图像 I 通过 Meanshift 方法被划分为 p 个区域，记为 $R_1, R_2, \cdots, R_p$。将图像中每个像素标记为坐标 $(x, y, R_i, n_{\mathrm{u}})$，其中 x 和 y 分别为像素在图像中的行标和列标，而 R_i 表明像素所在的区域号。n_{u} 为图像中的每个像素依据其在原始图像中的坐标定义的统一编号，若图像尺寸为 $m \times n$，则 $n_{\mathrm{u}} = x + n(y-1)$。显然，$n_{\mathrm{u}}$ 是介于 1 到 $m \times n$ 之间的一个整数。

当图像 I 经过重定向操作缩放为图像 I^* 时，对图像中的每个像素进行追踪，可以找到每个像素在重定向结果图像中新的位置。如果重定向操作是将图像进行缩小缩放，则结果图像中的区域块可能会减少。设重定向后图像中的各区域

编号为 $r_1, r_2, \cdots, r_p$，则对于每一个区域 $r_i \in I^*$ $(i = 1, 2, \cdots, p)$ 都有原图像中的区域 R_i 与之相对应，反之却是不一定的。如图 5-2 所示，当原始图像通过接缝裁剪方法重定向为高度不变宽度变为原始图像的 75%的结果图像时，使用 Meanshift 方法划分出的区域发生了变化，有的区域变小，有的区域甚至已经消失，如图 5-2（c）和（d）所示。

为了衡量重定向后图像 I^* 相对于原始输入图像 I 的变形程度，我们在图像 I^* 中的每个区域内随机任选一定数量的点对，然后计算它们相对于原图像中位置变化的相关测度。显然，任取图像 I^* 中的像素 A_j、B_j，即 $\forall A_j, B_j \in I^*$，通过它们的统一编号 n_{u} 都可以找到原始输入图像中的像素 A_{j0} 和 B_{j0}，即 $A_{j0}, B_{j0} \in I$ 与之相对应。

图 5-2　Mean Shift 聚类方法划分的区域变化实例

注　原始图像(a)通过接缝裁剪方法重定向为原始宽度的 75%的图像(b)，相应的 Mean Shift 聚类方法划分的区域变化如图(c)和(d)所示。

1. 位移变化测度

我们希望计算出图像I^*中A_j,B_j两点之间的距离相对于原图像I中二者之间的距离变化有多少，因此应分别计算出两种情况下两者之间的距离$d_{A_jB_j}$和$d_{A_{j0}B_{j0}}$，如图5-3所示，则两者之间的距离在重定向前后的变化为$\left|d_{A_jB_j}-d_{A_{j0}B_{j0}}\right|$。

为了控制该度量的数量级，可以将其进行归一化处理，则A_j,B_j两点之间的距离相对于原图像I中二者之间的距离变化量定义为：

$$d_{\mathrm{s}j}=\left|\frac{d_{A_jB_j}-d_{A_{j0}B_{j0}}}{d_{A_{j0}B_{j0}}}\right| \tag{5-1}$$

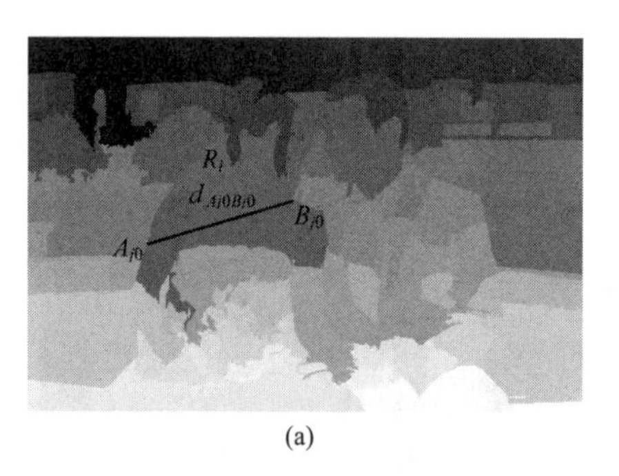

(a)

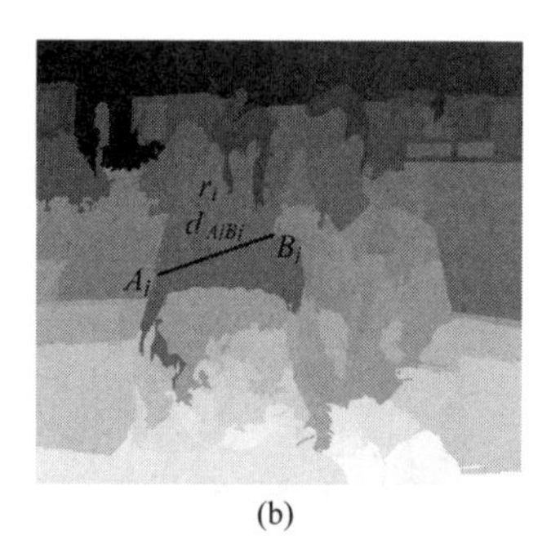

(b)

图5-3 重定向前后区域R_i与区域r_i中对应点对的距离变化示例

(a)重定向前区域R_i与区域r_i中对应点对的距离图示；(b)重定向后区域R_i与区域r_i中对应点对的距离图示

考虑到不同像素在图像中的重要度是不同的，重要度较大的像素如果相互之间偏移太多，则说明图像内重要内容有可能会严重变形。因此，我们在计算度量时对重要像素的位置偏移进行了限制，因此为$d_{\mathrm{s}j}$加了权值$e_{A_{j0}}+e_{B_{j0}}$，其中$e_{A_{j0}}$和$e_{B_{j0}}$分别为点A_{j0}和B_{j0}的重要度值，这在重定向过程的最初就已经计算出来了。这样A_j,B_j两点之间的距离相对于原图像I中二者之间的距离变化量最终定义为：

$$d'_{\mathrm{s}j}=\left(e_{A_{j0}}+e_{B_{j0}}\right)\left|\frac{d_{A_jB_j}-d_{A_{j0}B_{j0}}}{d_{A_{j0}B_{j0}}}\right| \tag{5-2}$$

为了较为准确地衡量$r_i(i=1,2,\cdots,p)$区域相对于原始图像中对应区域R_i的变形程度，在 r_i 区域内随机任取 w 对点，则 r_i 区域内的位移变化度量记为：

$$D_i = \frac{\sum_{j=1}^{w}\left(e_{A_{j0}} + e_{B_{j0}}\right)\left|\dfrac{d_{A_jB_j} - d_{A_{j0}B_{j0}}}{d_{A_{j0}B_{j0}}}\right|}{\sum_{j=1}^{w}\left(e_{A_{j0}} + e_{B_{j0}}\right)} \quad (i = 1, 2, \cdots, p) \tag{5-3}$$

此处我们也将这任选的 w 对点之间的加权距离和进行了归一化处理。则重定向结果 I^* 中的总位移变化度量为：

$$D_{\text{sum}} = \sum_{i=1}^{p} D_i \qquad (i = 1, 2, \cdots, p) \tag{5-4}$$

2. 角度变化测度

为了进一步衡量图像中像素之间位置变化的关系，我们也考虑统计两点间连线相对与水平方向角度的变化度量。如图 5-4 所示，我们计算图像 I^* 中 A_j, B_j 两点之间连线与水平方向的夹角 $\theta_{A_jB_j}$ 相对于原始图像中 $\theta_{A_{j0}B_{j0}}$ 的变化大小，并将其作归一化处理。则 A_j, B_j 两点之间的连线相对于原图像 I 中二者之间的连线的角度变化量为：

$$\theta_{\text{sj}} = \left|\frac{\theta_{A_jB_j} - \theta_{A_{j0}B_{j0}}}{\theta_{A_{j0}B_{j0}}}\right| \tag{5-5}$$

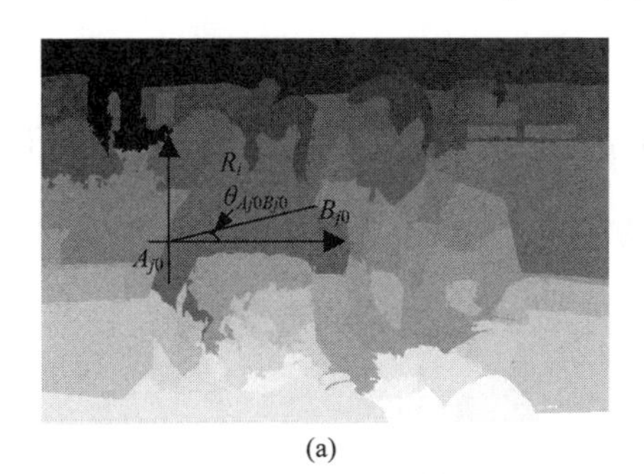

(a)

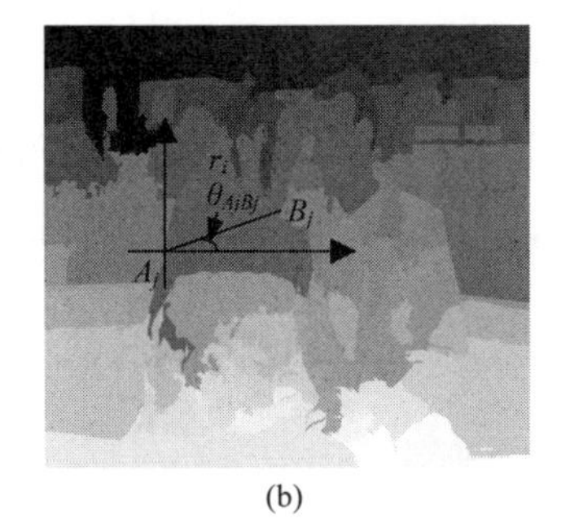

(b)

图 5-4　重定向前后区域 R_i 与区域 r_i 中对应点对连线角度变化的示例

(a)重定向前区域 R_i 与区域 r_i 中对应点对连线角度变化图示；(b)重定向后区域 R_i 与区域 r_i 中对应点对连线角度变化图示

与位移变化测度类似，依据点 A_{j0} 和 B_{j0} 的重要度值也可以为角度变化量加权，则在 r_i 区域内随机任取 w 对点，r_i 区域内的角度变化度量记为：

$$Ag_i = \frac{\sum_{j=1}^{w}\left(e_{A_{j0}} + e_{B_{j0}}\right)\left|\frac{\theta_{A_jB_j} - \theta_{A_{j0}B_{j0}}}{\theta_{A_{j0}B_{j0}}}\right|}{\sum_{j=1}^{w}\left(e_{A_{j0}} + e_{B_{j0}}\right)} \quad (i=1,2,\cdots,p) \tag{5-6}$$

因此，重定向结果 I^* 中的总夹角变化度量为：

$$Ag_{\text{sum}} = \sum_{i=1}^{p} Ag_i \quad (i=1,2,\cdots,p) \tag{5-7}$$

3. 能量变化测度

可以看出，上述两种关于图像中像素位置变化的测度都是基于图像局部信息的度量，然而图像的全局信息也是相当重要的，因此在评估算法中也增加了图像中特征点保留程度的度量。我们知道，对于缩小重定向而言，重定向后结果图像中保留的重要度较高的像素点越多也好，也意味着图像的总能量和越大越好，因此我们定义能量变化测度为：

$$Rat_{\text{e}} = \frac{e(I^*)}{e(I)} \tag{5-8}$$

式中　$e(I^*)$，$e(I)$——分别为图像 I^* 的总能量以及原始图像 I 的总能量。

显然，对于图像的缩小重定向 Rat_{e} 越大越好，这种情况下 $Rat_{\text{e}} \in (0,1)$，而对于图像的放大重定向 Rat_{e} 却越小越好，这种情况下 $Rat_{\text{e}} \geqslant 1$。

考虑以上三方面测度，我们针对图像的缩小重定向定义质量评估测度为：

$$EM = D_{\text{sum}} + Ag_{\text{sum}} + \frac{1}{Rat_{\text{e}}} \tag{5-9}$$

针对图像的放大重定向定义质量评估测度为

$$EM = D_{\mathrm{sum}} + Ag_{\mathrm{sum}} + Rat_{\mathrm{e}} \tag{5-10}$$

对于重定向结果图像而言，其对应的重定向质量评估测度值越大，则说明其相对于原始图像而言变形就越大，重定向效果就会越差；反之，则说明重定向效果较好。

5.4　实验结果

为了测试本章提出的基于像素位置变化测度重定向评估算法的有效性，我们进行了两组实验，一方面通过重定向结果的客观规律来验证，另一方面通过用户调查结果来验证。

5.4.1　统计数据规律验证

我们选择了三幅质量较高的图片进行试验，图片的尺寸分别为 1024 × 700、1024 × 673 和 1024 × 564。我们使用接缝裁剪方法[26]将每幅图片依次删除 100、200、300、400、500、600、700 和 800 条竖直接缝，并通过本章提出的基于像素位置变化测度的重定向评估算法来计算其相应的质量评估测度值。最终将每幅图片在这八种情况下对应的重定向质量评估测度值以作图的形式给出，以便于我们观察其变化规律。三幅图像使用接缝裁剪方法依次删除 100、200、300、400、500、600、700 和 800 条竖直接缝的实验结果图像在图 5-5 中给出。可以直观地看出，对于图像而言，图像中删除的接缝的数目越多，图像信息丢失就会越多，图像质量则会越差。

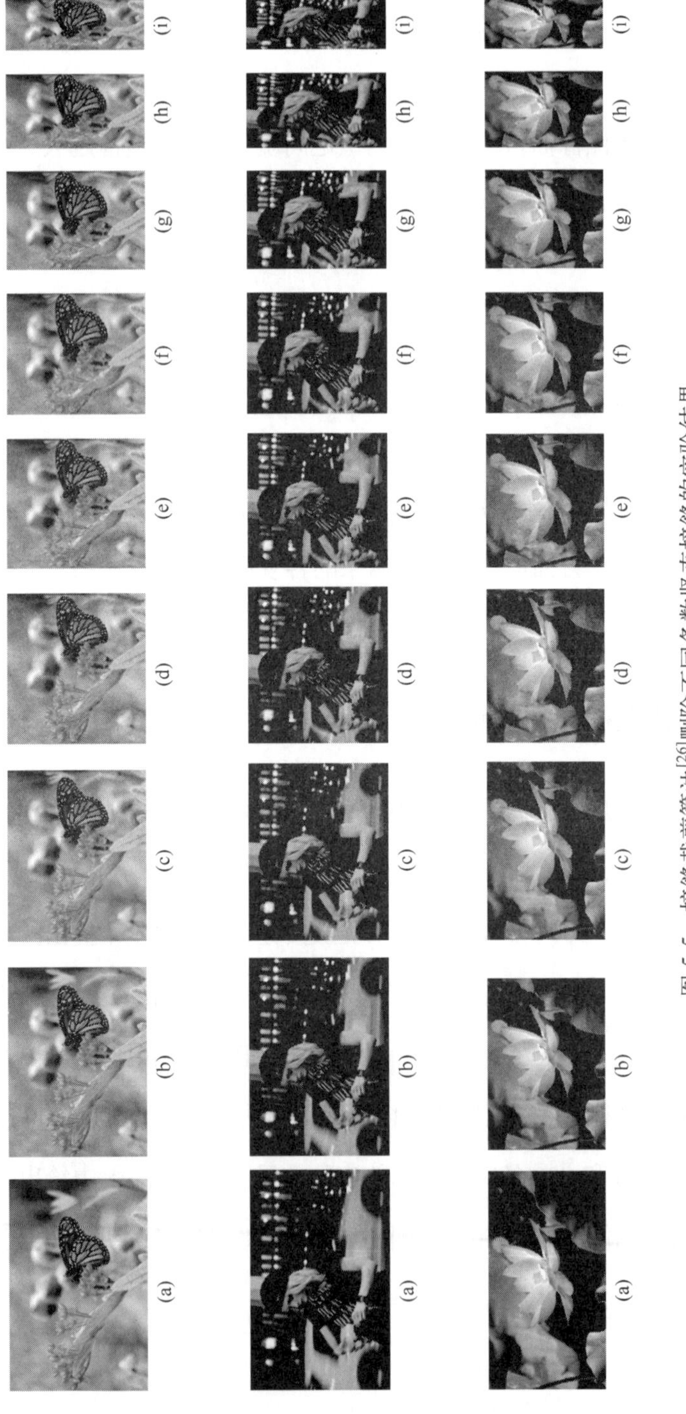

图 5-5　接缝裁剪算法[26]删除不同条数竖直接缝的实验结果

注　接缝裁剪算法将原始图像(a)重定向为高度不变删除 100、200、300、400、500、600、700、800 条竖直接缝的结果分别为(b)、(c)、(d)、(e)、(f)、(g)、(h)、(i)。

这三幅图像分别在删除 100、200、300、400、500、600、700 和 800 条竖直接缝的情况下对应的基于像素位置变化测度的重定向评估算法来计算其相应的质量评估测度值，如图 5-6 所示。

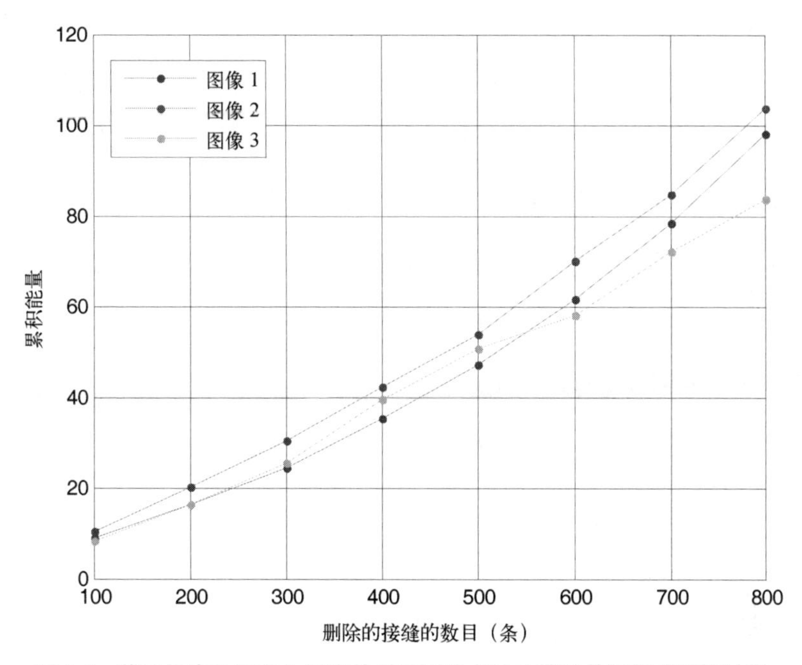

图 5-6　基于像素位置变化测度的质量评估方法计算出的图像质量评估图

从图 5-6 中可以看出，对于每幅图片而言，依据在本章中提出的基于像素位置变化测度的质量评估方法计算出的图像质量评估测度值随着图像中删除接缝数目的增多呈现单调递增的趋势。这和删除的接缝越多，损失的信息就越多，图像质量就会下降这个客观规律是一致的。通过这个实验可以说明，基于像素位置变化测度的质量评估方法计算出的图像质量评估算法是有效的。

5.4.2　用户调查

为了验证本书提出的基于像素位置变化测度重定向评估算法的有效性，我们设计并进行了一次用户调查。

1. 材料

用于用户调查的图像不但应该具有较高的图像质量，而且应该覆盖广泛的图像类别，因此我们仍然选择使用图像重定向领域的公用数据库 RetargetMe[111] 图片库。这次我们使用了该图片库中的 50 幅图片，分别对这 50 幅图片使用接缝裁剪技术进行了不同的处理得到相应的重定向结果图片。对其中 20 幅图片进行了高度不变宽度减为 75%的重定向处理，另外 20 幅图片进行了高度不变宽度减为 50%的重定向处理，还有 5 幅图片进行了宽度不变高度减为 75%的重定向处理，3 幅图片进行了宽度不变高度减为 50%的重定向处理，对最后 2 幅图片进行了高度不变宽度增为 125%的重定向处理。最终我们共获得 50 组高质量的图片，每一组图像包含一幅原始图片以及一幅由接缝裁剪方法得到的重定向图片。

2. 设计

在这次用户调查设计中，我们希望参与者在每一组图片中参照原始图像为重定向后的结果图像打分。由于重定向属于专业词汇，而参加用户调查的参与者不一定都是专业人士，因此为了避免给参与者带来不必要的困扰，在实验中我们称重定向处理后的图片为“特殊处理后的图像”。希望他们为每一幅特殊处理后的图片相对于原始图片的处理效果进行评分，最高 50 分，最低 1 分。如果参与者认为效果“很好”就打分在 41~50 之间，感觉效果“好”打分在 31~40 之间，感觉效果“一般”打分在 21~30 之间，感觉效果“差”打分在 11~20 之间，感觉效果“很差”则打分在 1~10 之间。调查结束后，我们将根据参与者评分情况，统计出每幅重定向后图像的总得分，并根据参与者的人数计算出每幅重定向后图像的平均得分。

为了让参与者方便打分，我们将原始图片与经过接缝裁剪方法重定向后的结果图片一字形排开在屏幕中，在屏幕的上方表示出显示图片组的图像名，具体摆放格局如图 5-7 所示。50 组图片以幻灯片的形式依次显示在屏幕上，每组图片可以让参与者观察 20 秒，然后为每一幅“特殊处理后的图像”打分。

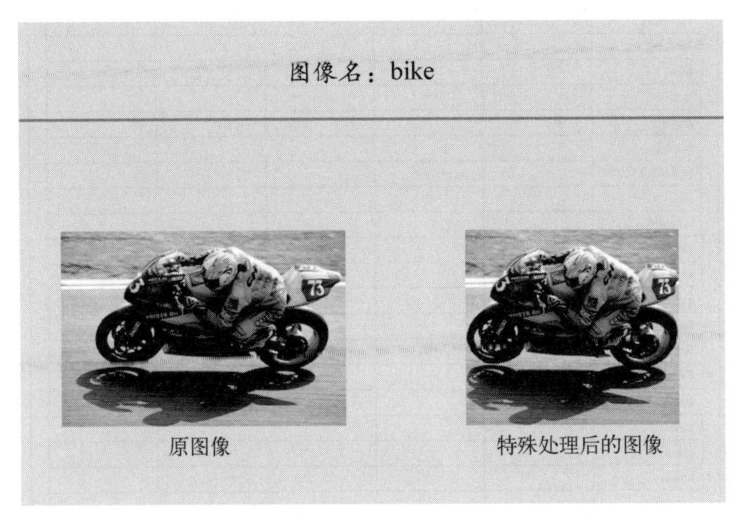

图 5-7　用户调查过程中每组图片的屏幕摆放格局

我们事先准备好了可供参与者为每一幅图片打分的用户调查问卷，调查问卷的具体格式如图 5-8 所示。每组图片观察完后，允许参与者按照自己的需求暂停进行适当的休息。实验结束后，我们将对调查问卷中的打分情况进行统计，计算每幅重定向后图像的平均得分。

设第 i 个参与者为第 j 幅重定向后图像打分为 x_{ij}，则第 j 幅重定向后图像的平均得分为：

$$\text{score}_j = \frac{\sum_{i=1}^{N} x_{ij}}{N} \tag{5-11}$$

式中　N——实验中参与者的人数。

调查问卷

下面您将看到50组图片，每套图片给出两张，一幅为原图片，一幅为特殊处理后的图片，请给这些处理后的图片打分，根据其相对于原图像的视觉好坏

图像名	很好（41~50分）	好（31~40分）	一般（21~30分）	差（11~20分）	很差（0~10分）
ArtRoom					
battleship					
BedRoom					
bells					
bicycle1					
bicycle2					
bike					
boat					
buddha					
butterfly					
butterfly2					
car2					
colosseum					
DKNYgirl					
Dogcups					
eagle					
face					
family					
foliage					
getty					
girls					
glasses					
house					
housefence					
islands					
JapenessHouse					
jon					
kids					
Lotus					
manga					
mnm					
mochizuki					
money					
obama					
orchid					
osaka					
painting1					
pencils					

图 5-8 用户调查问卷样例

3. 参与者

有 30 名来自不同专业的本科大学生自愿参加了这次用户调查，其中男生17名，女生13名，年龄最大者22岁，最小者18岁，平均年龄19.3岁。这次

用户调查实验结束时，所有参与者都全部完成了实验，为50组图片中“特殊处理后的图片”进行了打分。

4. 实验过程

首先为参与者介绍了实验的动机并对实验进行了描述，给出了一个样例，在屏幕中展示一组图片，屏幕最上方显示的是图像名，下方左右排开两幅图片，其中左侧放置原始图像，右侧放置“特殊处理后的图像”，屏幕上图像的显示格局如图5-7所示。然后告知参与者需要为右侧的图片打分，并将分数填在调查问卷中，这组样例图片与实验中使用的50幅图片是不同的。

实验中，参与者只要点击播放幻灯片，就会显示第一组图片，参与者需在20秒之内为“特殊处理后的图像”打分，并在纸质调查问卷的相应表格中写上自己的评分。

20秒时间过后这组图片消失，下一组图片展示出来。在展示下一组图像之前，参与者可以自己选择暂停进行适当的休息。各位参与者必须独立完成任务，最终统计发现参与者完成所有任务的平均时间为19分钟。

5. 实验结果

我们通过对用户调查问卷中的数据进行统计和分析，计算出每幅经过接缝裁剪方法重定向后的图像的平均得分。在本次实验中，N取值为30，利用式（5-11）可以计算出实验中这50幅重定向后图像各自的平均得分，得到如图5-9所示的数据。

此外，我们通过本章提出的基于像素位置变化测度的重定向评估算法对这50幅经过接缝裁剪方法[26]重定向后的图像质量进行了量化评估。针对图像的缩小重定向使用式（5-9），而针对图像的放大重定向使用式（5-10），计算出了这50幅经过接缝裁剪方法重定向后图像所对应的EM值，得到如图5-10所示的数据。

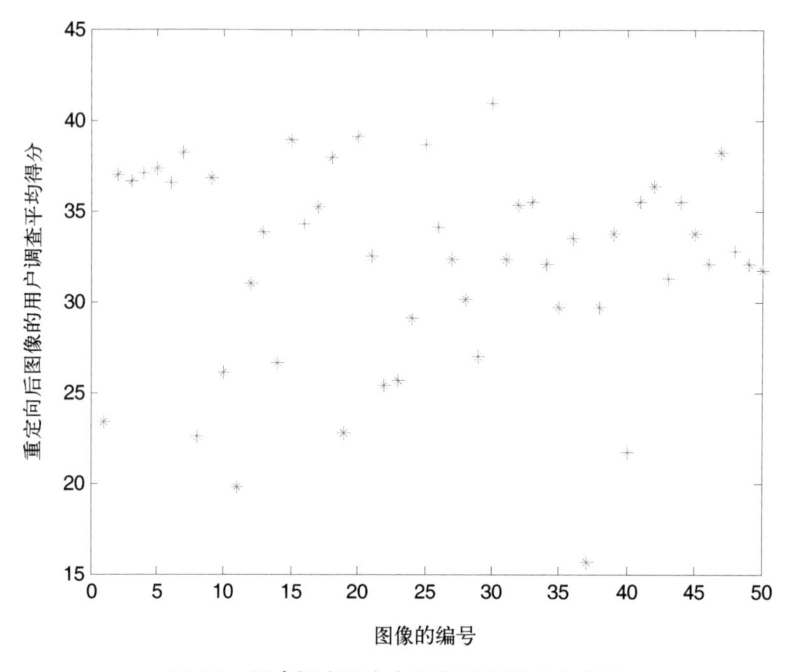

图 5-9 用户调查重定向图像平均得分分布图

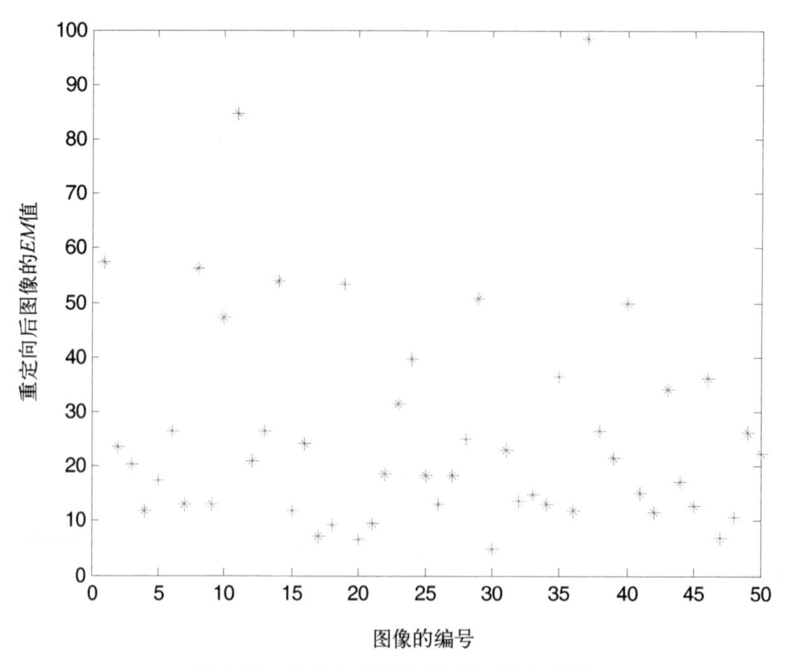

图 5-10 重定向后图像的 *EM* 值分布图

为了研究用户调查的主观性评分与本章所提出的基于像素位置变化测度的重定向评估算法计算出的客观性评分之间的关联性，我们将重定向图像的 *EM* 值作为横坐标，用户调查得到的重定向图像的平均得分作为纵坐标，得到一幅散点图，经过拟合，我们发现这些点可以拟合出一条指数函数曲线：

$$f(x) = 40.05\mathrm{e}^{-0.008932x} \tag{5-12}$$

如图 5-11 所示。这说明，用户调查的主观性评分与本章所提出的基于像素位置变化测度的重定向评估算法计算出的客观性评分之间的关联性是较强的，因此本章所提出的重定向质量评估算法可以较为正确地评估重定向图像的质量。

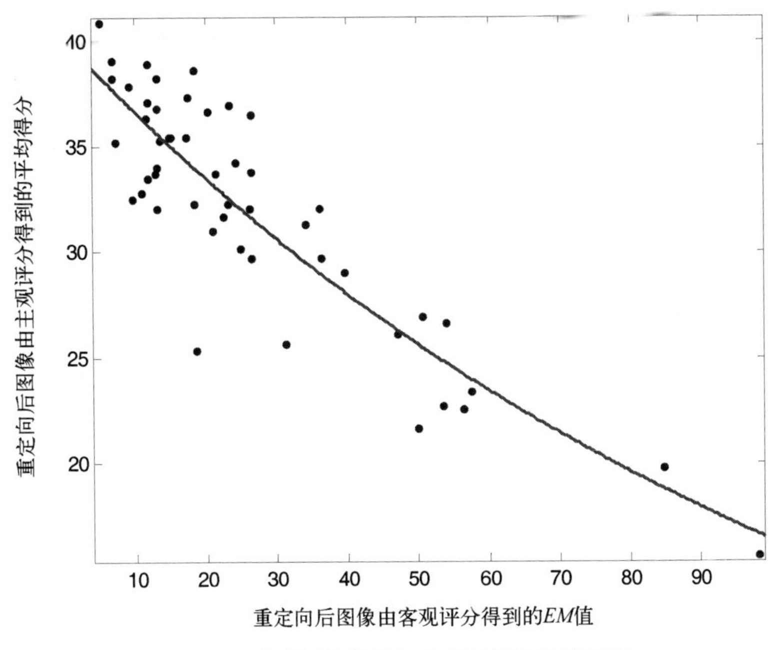

图 5-11　客观评估结果与主观评估结果关联图

5.5 本章小结

本章提出了一种基于像素位置变化测度的重定向评估算法，在评估过程中考虑了重定向后图像的像素级的变形信息，包括像素间相对距离的变化、像素间相对角度的变化以及总像素能量信息的变化。既考虑了重定向后图像的局部信息也考虑了全局信息，因此可以较为全面地评估图像在重定向前后的变形程度。

数据统计实验表明，基于像素位置变化测度的重定向评估算法的评估数据遵循接缝裁剪算法重定向结果的客观规律，即删除的接缝数目越多，丢失的信息就越多，重定向后的图像质量就会下降。实验中评估算法计算出的 *EM* 值随删除接缝数目的增多而呈现单调递增的趋势。用户调查实验从用户的主观性评价出发，统计出实验中参与者对重定向后结果的评价数据，最终观察该数据与基于像素位置变化测度的重定向评估算法计算出的 *EM* 值数据的关联性，通过数据拟合可以发现二者之间有明显的关联性。本章提出的基于像素位置变化测度的重定向评估算法对重定向后图像的评估是较为正确的。

由于该方法在评估过程中需要考虑像素在原始图像中的重要程度，因此如果对图像的重要度图计算得更准确,则该评估方法计算出的 *EM* 值将会更可靠。而且本章提出的基于像素位置变化测度的重定向图像质量评估算法在考虑全局信息时仅考虑了图像能量点的保持，比较薄弱。另外，该评估算法对像素信息的追踪有很高的依赖性，对于一些不能够准确追踪像素位置的重定向算法进行评估时误差较大。因此，可考虑在评估算法中增加对于图像的拓扑结构信息以及 SIFT 特征信息等变化的测度，以求更加准确地评估重定向后图像中重要物体结构的保持情况，并进一步提高图像重定向评估算法的通用性。

参考文献

[1] Shamir A., Sorkine O. Visual media retargeting[C]. International Conference on Computer Graphics and Interactive Techniques, SIGGRAPH ASIA 2009, Yokohama, Japan, Courses Proceedings. DBLP, 2009: 11.

[2] Itti L., Koch C. , Niebur E . A model of saliency-based visual attention for rapid scene analysis[J]. IEEE Transactions on Pattern Analysis & Machine Intelligence, 2002, 20(11):1254-1259.

[3] Itti L., Koch C. Computational modelling of visual attention[J]. Nature Reviews Neuroence, 2001, 2(3):194-203.

[4] Ma Y. F. , Zhang H. J. Contrast-based image attention analysis by using fuzzy growing[C]. Eleventh Acm International Conference on Multimedia. ACM, 2003:374-381.

[5] Harel J., Koch C., Perona P.. Graph-based visual saliency. Advances in Neural Information Processing Systems, 2007: 545–552.

[6] Achanta R., Hemami S., Estrada F., ¨usstrunk S.. Frequency-tuned salient region detection. IEEE International Conference on Computer Vision and Pattern Recognition, 2009:1597–1604.

[7] Cheng M. , Mitra N. J. , Huang X. , et al. Global Contrast Based Salient Region Detection[J]. IEEE Transactions on Pattern Analysis and Machine Intelligence, 2015, 37(3):569-582.

[8] Goferman S., Zelnik-Manor L., Tal A..Context-aware saliency detection. IEEE Transactions on Pattern Analysis and Machine Intelligence, 2012, 34(10), pp. 1915–1926.

[9] Jiang B. , Zhang L. , Lu H. , et al. Saliency Detection via Absorbing Markov Chain[C]. IEEE International Conference on Computer Vision. IEEE, 2013: 1665–1672.

[10] Viola P. A. , Jones M. J. . Rapid Object Detection using a Boosted Cascade of Simple Features[C]. Computer Vision and Pattern Recognition, 2001. CVPR 2001. Proceedings of the 2001 IEEE Computer Society Conference on. IEEE, 2001:511–518.

[11] Viola P. A.. Robust Real-time Object Detection[J]. International Journal of Computer Vision, 2001, 57(2):34–47.

[12] Kiess J., Garcia R., Kopf S., Effelsberg W.. Improved Image Retargeting by Distinguishing between Faces in Focus and out of Focus. In IEEE International Conference on Multimedia and Expo Workshops (ICMEW), 2012:145–150.

[13] Fan X., Xie X., Ma W. Y., Zhang H. J., and Zhou H. Q.. Visual attention based image browsing on mobile devices. IEEE Intl. Conf. on Multimedia and Expo, 2003: 53–56.

[14] Felzenszwalb P., McAllester D., and Ramanan D.. A discriminatively trained, multiscale, deformable part model. IEEE Conference on Computer Vision and Pattern Recognition (CVPR), 2008: 1–8.

[15] Felzenszwalb P., Girshick R. B., McAllester D. and Ramanan D.. Object detection with discriminatively trained part-based models. IEEE Transactions on Pattern Analysis and Machine Intelligence, 2010, 32(9):1627–1645.

[16] Gal R. , Sorkine O. , Cohen-Or D. . Feature-Aware Texturing[C]. Eurographics Symposium on Rendering Techniques. DBLP, 2006:297-303.

[17] Takimoto H. , Mitsukura Y. , Yamauchi H. , et al. Interactive image resizing based on gradient intensity and color saliency[C]. 2012 Proceedings of SICE Annual Conference (SICE). IEEE, 2012:1915–1919 .

[18] Chen R. , Freedman D. , Karni Z. , et al. Content-Aware Image Resizing by Quadratic Programming[C]. Computer Vision & Pattern Recognition Workshops. IEEE, 2012:1–8.

[19] Fernandes L. A. F. , Oliveira M. M. . Real-time line detection through an improved Hough transform voting scheme[J]. Pattern Recognition, 2008, 41(1):299-314.

[20] Avidan S. Shamir A. Seam carving for content-aware image resizing[J]. TOG, 2007:267–276.

[21] Jianye L. U. , Georghiades A. S. , Glaser A. , et al. Context-aware textures[J]. Acm Transactions on Graphics, 2007, 26(1):3.

[22] Wolf L., Guttmann M., Cohen-Or D. Non-homogeneous Content-driven Video-retargeting[C]. IEEE International Conference on Computer Vision. IEEE, 2007:1–6.

[23] Suh B. , Ling H. , Bederson B. B. , et al. Automatic thumbnail cropping and its effectiveness[C]// Proceedings of the 16th Annual ACM (Association for Computing Machinery) Symposium on User Interface Software and Technology: CHI Letters. Human-Computer Interaction Laboratory University of Maryland College Park, MD 20742 USA, 2003:95–104.

[24] Pritch Y. , Kav-Venaki E. , Peleg S. . Shift-Map Image Editing[C]// IEEE International Conference on Computer Vision. IEEE, 2009:151–158.

[25] Rubinstein M., Shamir A., and Avidan S.. Multi-operator media retargeting[C]// Acm Siggraph. ACM, 2009, 28(3): 1–11.

[26] Rubinstein M., Shamir A., and Avidan S.. Improved seam carving for video retargeting. ACM Trans. on Graphics, 2008, 27(3): 1–9.

[27] Wang Y. S. , Tai C. L. , Sorkine O. , et al. Optimized Scale-and-Stretch for Image Resizing[J]. ACM Transactions on Graphics, 2008, 27(5):118.

[28] Shi M. L., Peng G. Q., Yang L.. Optimal Bi-directional Seam Carving for Content-Aware Image Resizing[C]. Springer Berlin Heidelberg, 2010:456–467.

[29] Hou X. , Zhang L. . Dynamic Visual Attention: Searching for coding length increments[C]// Advances in Neural Information Processing Systems 21, Proceedings of the Twenty-Second Annual Conference on Neural Information Processing Systems, Vancouver, British Columbia, Canada, December 8-11, 2008. 2008:681–688.

[30] Hwang D. S. , Chien S. Y. . Content-aware image resizing using perceptual seam carving with human attention model[C]. IEEE International Conference on Multimedia & Expo. IEEE, 2008:1029–1032.

[31] Ren T.W., Liu Y., Wu G.S. Image retargeting based on region relation graph Journal of Software, 2010, 21(1):.2237–2249.

[32] Achanta R. , Sabine Süsstrunk. Saliency detection for content-aware image resizing[C]// IEEE International Conference on Image Processing. IEEE, 2010:1005–1008 .

[33] Domingues D., Alahi A., Vandergheynst P..Stream carving: an adaptive seam carving algorithm. 17th IEEE International Conference on Image Processing (ICIP), 2010: 901–904.

[34] Kiess J. , Creutzburg R. , Akopian D. , et al. Seam carving with improved edge preservation[J]. Proceedings of Spie the International Society for Optical Engineering, 2010: 1–11.

[35] Subramanian S. , Kumar K. , Mishra B. P. , et al. Fuzzy logic based content protection for image resizing by seam carving[C]. IEEE Conference on Soft Computing in Industrial Applications. IEEE, 2008: 1–6.

[36] Zhou F., Wang R., Liu Y., Liang Y..Image Resizing Based on Geometry Preservation with Seam Carving. IEEE 11th International Conference on Trust, Security and Privacy in Computing and Communications (TrustCom), 2012: 596–601.

[37] Kumar M. , Conger D. D. , Miller R. L. , et al. A Distortion-Sensitive Seam Carving Algorithm for Content-Aware Image Resizing[J]. Journal of Signal Processing Systems, 2011, 65(2):159-169.

[38] Utsugi K. , Shibahara T. , Koike T. , et al. Proportional constraint for seam carving[C]. Siggraph 09: Posters. ACM, 2009:1.

[39] Scott J. , Tutwiler R. L. , Pusateri M. A. . Hyper-spectral content aware resizing[J]. 2008:1–7.

[40] Han J. W. , Choi k. S., Tae-Shick Wang T. S.. Improved seam carving using a modified energy function based on wavelet decomposition[C]. IEEE International Symposium on Consumer Electronics. IEEE, 2009: 1–4.

[41] Cho S , Choi H , Matsushita Y , et al. Image retargeting using importance diffusion[C]. Image Processing (ICIP), 2009 16th IEEE International Conference on. IEEE, 2009:1–4.

[42] Mansfield A. , Gehler P. , Gool L. V. , et al. Visibility Maps for Improving Seam Carving[C]. European Conference on Computer Vision. Springer, Berlin, Heidelberg, 2010:131–144 .

[43] Shi M. L., Peng G. Q., Yang L., et al. Optimal Bi-directional Seam Carving for Content-Aware Image Resizing[C]. Springer Berlin Heidelberg, 2010:456–467.

[44] Shamir A. , Sorkine O. . Visual media retargeting[C]. International Conference on Computer Graphics and Interactive Techniques, SIGGRAPH ASIA 2009, Yokohama, Japan, December 16-19, 2009, Courses Proceedings. DBLP, 2009: 11.

[45] Brand M.. Image and video retargetting by darting. Lecture Notes in Computer Science 5627/2009, 2009: 33–42.

[46] Sun J., Ling H.. Scale and Object Aware Image Thumbnailing. International journal of computer vision, 2013,104(2): 135–15.

[47] Sun J., Ling H.. Scale and object aware image retargeting for thumbnail browsing. IEEE International Conference on Computer Vision (ICCV), 2011: 1511–1518.

[48] Liu F. , Gleicher M. . Automatic image retargeting with fisheye-view warping[C]// Acm Symposium on User Interface Software & Technology. ACM, 2005:153–162.

[49] Zhang L.X., Song H.Z., Ou Z.M., et al..Image retargeting with multifocus fisheye transformation. The Visual Computer, 2013, 29(5):407-420.

[50] Wang S. F., Lai S. H.. Fast structure-preserving image retargeting. in IEEE Intl. Conf. on Acoustics, Speech and Signal Processing, 2009: 1049–1052.

[51] Ren T. , Liu Y. , Wu G. . Image retargeting based on global energy optimization[C]// IEEE International Conference on Multimedia & Expo. IEEE, 2009: 1–4.

[52] Chen R., Freedman D., Karni Z., Gotsman C., Liu L., Content-aware image resizing by quadratic programming. 2010 IEEE Computer Society Conference on Computer Vision and Pattern Recognition Workshops (CVPRW), 2010: 1–8.

[53] Shi M. L., Yang L., Peng G., Xu D.. A content-aware image resizing method with prominent object size adjusted. Proceedings of 17th ACM Symposium on VRST, 2010:175–176.

[54] Zhang G. X., Cheng M. M., Hu S. M., Martin, R. R..A shape-preserving approach to image resizing. Computer Graphics Forum Special Issue of Pacific Graphics, 28 (7), 2009: 1897–1906.

[55] Wang D., Tian X., Liang Y., Qu X. Saliency-driven Shape Preservation for Image Resizing Journal of Information & Computational Science, 2010, 7(4): 807–812.

[56] Wang D., Li G., Jia W., Luo X.. Saliency-driven scaling optimization for image retargeting. The Visual Computer, 2011, 27(9): 853–860.

[57] Panozzo D. , Weber O. , Sorkine O. . Robust Image Retargeting via Axis-Aligned Deformation[J]. Computer Graphics Forum, 2012, 31(2pt1):229–236.

[58] Niu Y. Z., Liu F., Li X., Gleicher M.. Image resizing via non-homogeneous warping. Multimedia Tools and Applications, 2012, 56(3):485–508.

[59] Guo Y., Liu F., Shi J., Zhou Z. H., and Gleicher M.. Image retargeting using mesh parametrization. IEEE Trans. on Multimedia, 2009,11(5): 856–867.

[60] Ma Y. F. and Zhang H.J. . Contrast-based image attention analysis by using fuzzy growing. in ACM Intl. Conf. on Multimedia, 2003:374–381.

[61] Jin Y., Liu L., and Wu Q.. Nonhomogeneous scaling optimization for realtime image resizing. The Visual Computer (Proc. of CGI) 2010, 26: 6–8.

[62] Huang Q. X. , Mech R. , Carr N. . Optimizing Structure Preserving Embedded Deformation for Resizing Images and Vector Art[J]. Computer Graphics Forum, 2009, 28(7):1887-1896.

[63] Ren T. W. , Guo Y. W. , Wu G. S. et al.. Constrained sampling for image retargeting[C]// IEEE International Conference on Multimedia & Expo. IEEE Computer Society, 2008: 1–4.

[64] J.S. Kim, J.H. Kim, and C.S. Kim. Adaptive image and video retargeting based on fourier analysis. in CVPR '09: Proceedings of the IEEE Computer Society Conference on Computer Vision and Pattern Recognition, 2009: 1730–1737.

[65] Ren T. , Liu Y. , and Wu G. .Image retargeting using multi-map constrained region warping. in MM '09: Proceedings of the seventeen ACM international conference on Multimedia, 2009: 853–856.

[66] Comaniciu D., Meer P.. Mean shift: a robust approach toward feature space analysis. IEEE Transactions on Pattern Analysis and Machine Intelligence, 2002, 24(5): 603 - 619.

[67] Santella A. , Agrawala M. , Decarlo D. , et al.. Gaze-based interaction for semi-automatic photo cropping[C]// Proceedings of the 2006 Conference on Human Factors in Computing Systems, CHI 2006, Montréal, Québec, Canada, April 22-27, 2006. DBLP, 2006: 771–780.

[68] Chen L. Q. , Xie X. , Fan X. ,et al.. A visual attention model for adapting images on small displays[J]. Multimedia Systems, 2003, 9(4): 353–364.

[69] Zhang M. , Zhang L. , Sun Y. , et al. Auto cropping for digital photographs[C]// IEEE International Conference on Multimedia & Expo. IEEE, 2005:1–4.

[70] Ciocca G. , Cusano C. , Gasparini F. , et al.. Self-Adaptive Image Cropping for Small Displays[J]. IEEE Transactions on Consumer Electronics, 2007, 53(4):1622-1627.

[71] Luo J.. Subject content-based intelligent cropping of digital photos in ICME '07: IEEE Intl. Conf. on Multimedia and Expo, 2007: 1–4.

[72] Stentiford F. . Attention based image cropping[J]. Workshop on Computational Attention & Applications. Bielefeld, 2007: 1–9.

[73] Chiu P. , Fujii K. , Liu Q. . Content based automatic zooming:Viewing documents on small displays[C]// Proceedings of the 16th International Conference on Multimedia 2008, Vancouver, British Columbia, Canada, October 26-31, 2008. ACM, 2008: 817–820.

[74] Nishiyama M. , Okabe T. , Sato Y. , et al. Sensation-based photo cropping[C]// Proceedings of the 17th International Conference on Multimedia 2009, Vancouver, British Columbia, Canada, October 19-24, 2009:669–672 .

[75] Datta R. , Li J. , Wang J. Z. . Studying aesthetics in photographic images using a computational approach: Springer Berlin Heidelberg 2014:7–13 .

[76] Ke Y. , Tang X. , Jing F. . The Design of High-Level Features for Photo Quality Assessment[C]// 2006 IEEE Computer Society Conference on Computer Vision and Pattern Recognition (CVPR'06). IEEE, 2006:419–426 .

[77] Amrutha I .S. , Shylaja S. S. , Natarajan S. , et al. A smart automatic thumbnail cropping based on attention driven regions of interest extraction.[C]// International Conference on Interaction Sciences: Information Technology. ACM, 2009:957–962 .

[78] Nishiyama M. , Okabe T. , Sato Y. , et al. Sensation-based photo cropping[C]// Proceedings of the 17th International Conference on Multimedia 2009, Vancouver, British Columbia, Canada, October 19-24, 2009:669–672.

[79] Marchesotti L. , Cifarelli C. , Csurka G. . A framework for visual saliency detection with applications to image thumbnailing[C]// IEEE International Conference on Computer Vision. IEEE, 2009:1-8.

[80] Liu H. , Jiang S. , Huang Q. , et al. Region-based visual attention analysis with its application in image browsing on small displays[C]// Proceedings of the 15th International Conference on Multimedia 2007, Augsburg, Germany, September 24-29, 2007. ACM, 2007: 305–308.

[81] Liu H. , Xie X. , Ma W. Y. , et al. Automatic browsing of large pictures on mobile devices[C]// Eleventh Acm International Conference on Multimedia. ACM, 2003: 148–155 .

[82] Fan X. , Xie X. , Ma W. Y. , et al. Visual attention based image browsing on mobile devices[C]// 2003 International Conference on Multimedia and Expo. ICME '03. Proceedings (Cat. No.03TH8698). IEEE, 2003:1–4.

[83] Kopf S. , Guthier B. , Lemelson H. , et al. Adaptation of Web Pages and Images for Mobile Applications[C]// Proceedings of IS&T/SPIE Electronic Imaging (EI) on Multimedia on Mobile Devices. International Society for Optics and Photonics, 2009:1–12 .

[84] Vaquero D. , Tescher A. G. , Turk M. , et al. A survey of image retargeting techniques[J]. 2010, 7798:779814.

[85] Lin X. , Ma Y. L. , Ma L. Z. , et al. Review: A survey for image resizing[J]. Journal of Zhejiang University-Science C (Computers & Electronics), 2014, 15(9):697-716.

[86] Simakov D. , Caspi Y. , Shechtman E. , et al. .Summarizing visual data using bidirectional similarity[C]// Computer Vision and Pattern Recognition, 2008. CVPR 2008. IEEE Conference on. IEEE, 2008:1–8.

[87] Cho T. S., Butman M., Avidan S., and Freeman W. T. The patch transform and its applications to image editing in IEEE Conf. on Computer Vision and Pattern Recognition, 2008:1–8.

[88] Barnes C., Shechtman E., Finkelstein A., and Goldman D.. PatchMatch: A randomized correspondence algorithm for structural image editing ACM Trans. on Graphics (Proc. of SIGGRAPH) , 2009, 28(3): 24.

[89] Liang Y., Su Z., Luo X. Patchwise scaling method for content-aware image resizing. Signal Processing. 2012, 92(5):1243–1257.

[90] Setlur V. , Takagi S. , Raskar R. , et al. Automatic image retargeting[C]// Mum05: International Conference on Mobile & Ubiquitous Multimedia. ACM, 2004: 59–68.

[91] Setlur V., Xu Y. , Chen X. , and Gooch B. .Retargeting vector animation for small displays. in MUM ’05: Proceedings of the 4th international conference on Mobile and ubiquitous multimedia, 2005: 69–77.

[92] Setlur V.. Optimizing computer imagery for more effective communication. in ACM Grace Hopper Conference for Women in Computing 2006, 2006:1–4.

[93] Setlur V., Lechner T., Nienhaus M.,and Gooch B.. Retargeting images and video for preserving information saliency. IEEE Computer. Graphics and Applications. Appl, 2007, 27(5): 80–88.

[94] Zhang Z., Kang B.. A Review of Image Resizing Technology Based on Importance Index. International Journal of Signal Processing, Image Processing & Pattern Recognition, 2014,7(1):1–4 .

[95] Dong W. M., Zhou N., Paul J. C. , et al. Optimized Image Resizing Using Seam Carving and Scaling[J]. ACM Transactions on Graphics, 2009, 28(5): 1–10.

[96] Wang L. , Zhang Y. , Feng J. . On the Euclidean distance of images[J]. IEEE Transactions on Pattern Analysis & Machine Intelligence, 2005, 27(8): 1334-1339.

[97] Manjunath B., Salembier P., and Sikora T.. Multimedia Content Description Interface[M]. Wiley, Chichester, 2002.

[98] Dong W. M., Pauls J. C. . Adaptive content-aware image resizing. Eurographics, vol. 28. No. 2, 2009.

[99] Fang Y., Chen Z., Lin W., Lin C. W.. Saliency detection in the compressed domain for adaptive image retargeting. IEEE Transactions on Image Processing, 2012, 21(9): 3888–3901.

[100] Dong W. M., Bao G. B., Zhang X. P., Paul J. C.. Fast multi-operator image resizing and evaluation. Journal of Computer Science and Technology, 2012, 27(1): 121–134.

[101] Qiu Z., Ren T., Liu Y., Bei J., Yang Y.. Multi-operator Image Retargeting Based on Automatic Quality Assessment. In Seventh International Conference on Image and Graphics (ICIG), 2013: 428–433.

[102] Kiess J., Guthier B., Kopf S., Effelsberg W..SeamCrop for image retargeting. Multimedia on Mobile Devices 2012, vol. 8304, 2012:83040K–83040K–8.

[103] Kiess J., Guthier B., Kopf S., Effelsberg W.. SeamCrop: changing the size and aspect ratio of videos. In Proceedings of the 4th Workshop on Mobile Video, 2012:13–18 .

[104] Thilagam K., Karthikeyan S. .Optimized Image Resizing using Piecewise Seam Carving. International Journal of Computer Applications, 2012, 42(14):24–30.

[105] Zhang J. Y., Kuo C. C. J..Region-adaptive texture-aware image resizing. IEEE International Conference on Acoustics, Speech and Signal Processing (ICASSP). 2012: 837–840.

[106] Niu Y. Z., Liu F., Li X., Bao H., Gleicher M.. Detection of image stretching. Proceedings of the 7th Symposium on Applied Perception in Graphics and Visualization, 2010: 93–100.

[107] Yang J., Lu W., Waibel A., Skin-color modeling and adaptation, 1997: 687–694.

[108] Terrillon J. C. , Fukamachi H. , Akamatsu S. , et al. Comparative Performance of Different Skin Chrominance Models and Chrominance Spaces for the Automatic Detection of Human Faces in Color Images[C]// IEEE International Conference on Automatic Face & Gesture Recognition. IEEE, 2000:54–61 .

[109] Chai D., Ngan, K. N.. Locating facial region of a head-and shoulders color image. Third IEEE International Conference on Automatic Face and Gesture Recognition, 1998: 124–129.

[110] Rubinstein M., Gutierrez D., Sorkine O., Shamir A. . A comparative study of image retargeting In ACM transactions on graphics (TOG) ,Vol. 29, No. 6 2010: 160.

[111] RetargetMe. http://people.csail.mit.edu/mrub/retargetme/.

[112] Srivastava A., Biswas K. K.. Fast content aware image retargeting. In IEEE Sixth Indian Conference on Computer Vision, Graphics & Image Processing, ICVGIP'08, 2008: 505–511.

[113] Huang H., Fu T., Rosin P. L., Qi C.. Real-time content-aware image resizing. Science in China Series F: Information Sciences, 2009, 52(2): 172–182.

[114] Duarte R., Sendag R.. Accelerating and Characterizing Seam Carving Using a Heterogeneous CPU-GPU System. In Proceedings of the 18th Annual International Conference on Parallel and Distributed Processing Techniques and Application , 2012, 658–663.

[115] Cao L., Wu L., Wang J..Fast seam carving with strip constraints. In ACM Proceedings of the 4th International Conference on Internet Multimedia Computing and Service, 2012, 148–152.

[116] Castillo S., Judd T., Gutierrez D..Using eye-tracking to assess different image retargeting methods. In Proceedings of the ACM SIGGRAPH Symposium on Applied Perception in Graphics and Visualization, 2011, 7–14.

[117] Liu Y. J., Luo X., Xuan Y. M., Chen W. F., Fu X. L..Image retargeting quality assessment. In Computer Graphics Forum , Vol. 30, No. 2, 2011: 583–592.

[118] Hua S., Li X., Zhong Q.. Similarity criterion for image resizing . EURASIP Journal on Advances in Signal Processing, 2011(1):1-8.

[119] Hua S., Chen G., Wei H., Jiang Q.. Similarity measure for image resizing using SIFT feature. EURASIP Journal on Image and Video Processing, 2012(1): 1-11.

[120] Wu L., Cao L., Wang J., Liu S..Content Aware Metric for Image Resizing Assessment. The Era of Interactive Media, 2013: 255-265.